Harit Jha
Keshaw Ram Aadil

Compósitos e biopolímeros à base de lignocelulose

Harit Jha
Keshaw Ram Aadil

Compósitos e biopolímeros à base de lignocelulose

ScienciaScripts

Imprint
Any brand names and product names mentioned in this book are subject to trademark, brand or patent protection and are trademarks or registered trademarks of their respective holders. The use of brand names, product names, common names, trade names, product descriptions etc. even without a particular marking in this work is in no way to be construed to mean that such names may be regarded as unrestricted in respect of trademark and brand protection legislation and could thus be used by anyone.

Cover image: www.ingimage.com

This book is a translation from the original published under ISBN 978-3-659-89712-2.

Publisher:
Sciencia Scripts
is a trademark of
Dodo Books Indian Ocean Ltd. and OmniScriptum S.R.L publishing group

120 High Road, East Finchley, London, N2 9ED, United Kingdom
Str. Armeneasca 28/1, office 1, Chisinau MD-2012, Republic of Moldova, Europe
Managing Directors: Ieva Konstantinova, Victoria Ursu
info@omniscriptum.com

Printed at: see last page
ISBN: 978-620-8-61769-1

Conteúdo

Capítulo 1	**2**
Capítulo 2	**12**
Capítulo 3	**19**
Capítulo 4	**22**
Capítulo 5	**30**

Capítulo 1

Lignocelulose

Os resíduos agro-florestais e industriais são o recurso renovável mais abundante na Terra. A acumulação desta biomassa em grandes quantidades todos os anos resulta não só na deterioração ambiental, mas também representa um problema económico para as indústrias. O material lignocelulósico é constituído por resíduos de biomassa vegetal que incluem celulose, hemicelulose e lignina. Aproximadamente 10 a 50 mil milhões de toneladas de resíduos lignocelulósicos secos são gerados globalmente por ano (Sims et al., 2008). Os resíduos lignocelulósicos podem ser classificados como resíduos agrícolas e florestais, resíduos domésticos e de madeira e resíduos sólidos urbanos.

A biomassa lenhinocelulósica é um complexo de biopolímeros constituído por celulose (35-85% base peso seco), hemicelulose (0-30% base peso seco), lenhina (1-43% base peso seco) e alguns outros compostos (xilose, arabinose, tanino, etc.) (Lin et al., 1992; Laurichesse e Averous, 2013). O estudo dos materiais lignocelulósicos é interessante devido à sua disponibilidade, biodegradabilidade, biocompatibilidade e capacidade de reforço. São os principais materiais que podem substituir as matérias-primas à base de petróleo (Eichhorn, 2011). Todos os anos é produzida uma grande quantidade de resíduos lignocelulósicos em todo o mundo (Sims et al., 2008). Os compósitos sintetizados a partir de lignocelulose têm recebido grande atenção devido às suas propriedades notáveis, como alta resistência, rigidez, tenacidade, baixa densidade, baixo custo, baixo consumo de energia, fácil processamento, aplicações de grande volume e possibilidade de reciclagem (Kiziltas et al., 2010; Nevarez et al., 2011). Outras propriedades mecânicas, térmicas e químicas, como a resistência à oxidação dos compósitos de base lignocelulósica, são também uma das principais razões para as suas vastas aplicações industriais (Oksman et al., 2006; Almendar e Sain, 2008). Recentemente, vários produtos comerciais de valor acrescentado, como carvões activados (Fierro et al., 2006), membranas para purificação de água (Navarej et al., 2011), resinas fenólicas e epoxídicas (Stewart, 2008; Asada et al., 2015) e espumas (Lee et al., 2015) foram preparados a partir de material lignocelulósico.

Devido às suas propriedades notáveis, tais como elevada resistência específica e módulo, baixo custo e aplicações de grande volume, baixa densidade em comparação com outros compósitos, baixo consumo de energia, fácil processamento, potencial de reciclagem e origem renovável, os materiais lignocelulósicos são largamente utilizados para a preparação de biocompósitos (Kiziltas et al., 2010). Também é comummente utilizado para a produção de energia, particularmente para a produção de biocombustíveis (Cheng et al., 2011). Outras propriedades mecânicas, térmicas e químicas destes compósitos, nomeadamente a resistência à oxidação, são também uma das principais razões para as suas vastas aplicações industriais (Oksman et al., 2006; Almendar e Sain, 2008).

1.1 Lignocelulose e seus componentes

A biomassa lenhocelulósica é uma fonte omnipresente e sustentável com um potencial promissor para o fabrico de produtos químicos versáteis de valor acrescentado. É constituída por lenhina e hidratos de carbono como a celulose, hemicelulose, pectina, cinzas, sais e minerais (Fig. 1.).

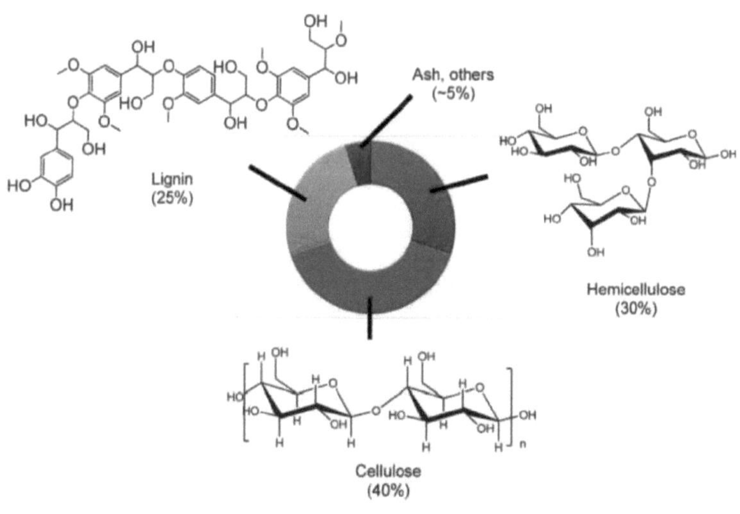

Fig. 1. Componentes lignocelulósicos que consistem na proporção de celulose (40 45%), hemicelulose (30-35%) e lignina (25-30%) (Adaptado de Xu et al,2014).

A composição química dos materiais lignocelulósicos varia consoante a fonte. A distribuição percentual de celulose, hemicelulose e lignina em alguns materiais lignocelulósicos é apresentada na Tabela 1.

Tabela 1. Composição química de alguns materiais caraterísticos que contêm lignocelulose

		Composition (%)			
	Source	**Cellulose**	**Hemicellulose**	**Lignin**	**Extractives**
Wood	Hardwood	43-47	25-35	16-24	2-8
	Softwood	40-44	25-29	25-31	1-5
Non wood	Bagasse	40	30	20	10
	Corn stalks	35	25	35	5
	Hemp	70	22	6	2
	Jute	71	14	13	2
	Kanaf	36	21	18	2
	Sisal	73	14	11	2
	Wheat straw	30	50	15	5

Adapted from Abdul Khalil et al. (2012).

1.1.1. Celulose

A celulose é o biopolímero mais abundante, constituindo uma estrutura polissacárida de cadeia longa e composta por unidades repetidas de blocos de construção de D-glicose (Klemm et al., 2009), tipicamente na ordem dos 35-50% em peso. As cadeias poliméricas são compactadas através de ligações de hidrogénio e interações de van der Waals, formando estruturas fibrosas denominadas microfibrilas. A celulose é um homopolímero linear composto por unidades de D-glucopiranose ligadas por ligações β-1,4-glicosídicas ($C_{6n}H_{10n+2}O_{5n+1}$ (n = grau de polimerização da glucose) (Fig. 2).

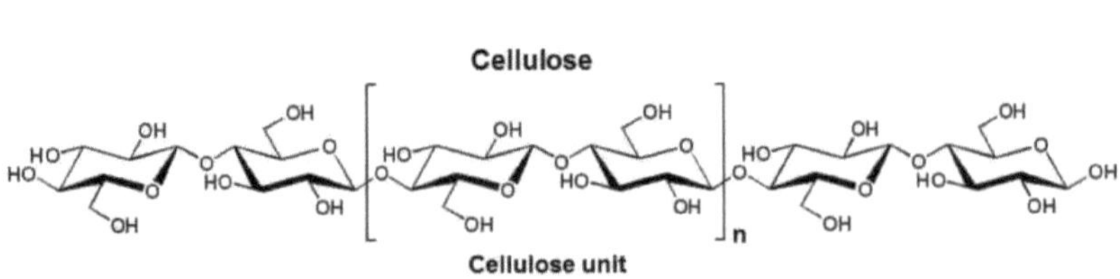

Fig. 2. Estrutura química da celulose.

Como principal constituinte da parede celular, a celulose está predominantemente localizada na parede secundária. Na parede celular primária, a celulose é constituída por cerca de 6000 unidades de glucose (Abdul Khalil et al., 2012). A celulose pode existir em dois polimorfos diferentes, que são de natureza cristalina e amorfa. As ligações de hidrogénio intermoleculares e as interações de van der Waals entre as folhas permitem um empacotamento estreito e bem ordenado das fibras de celulose e conferem aos polímeros insolubilidade em água e em muitos solventes (Brandt et al., 2013). Além disso, os nanocristais de celulose ou nanowhiskers de celulose são de interesse para a preparação de compósitos devido às suas extraordinárias propriedades físicas, químicas e térmicas. É produzido por hidrólise ácida a partir de uma série de materiais celulósicos iniciais. As dimensões dos nanocristais de celulose dependem das fontes iniciais e dos métodos pelos quais são produzidos. Geralmente, o seu diâmetro varia entre 3-30 nm (Eichhorn, 2010).

1.1.2. Hemicelulose

A hemicelulose é um grupo de polissacáridos e contribui com cerca de 25 wt% da biomassa (Brandt et al., 2013). Dependendo da fonte de origem da biomassa, está normalmente presente sob a forma de O-acetil 1-4-O-metilglucuronoxilanos e O-acetilgalactoglucomananos (Fig. 3). Outros açúcares como ácidos urónicos, α-L-ramnose e α-L-fucose podem também estar presentes em quantidades menores (Sun et al., 2014). As hemiceluloses, estão posicionadas principalmente nas paredes celulares secundárias, e juntamente com a celulose e a lignina, constroem a estrutura das plantas de forma a gerar a melhor combinação de suporte mecânico e propriedades de transporte. Estão ligados à celulose por ligações de hidrogénio e à lenhina por ligações covalentes (Sun et al., 2014). Constituem 15-35% da biomassa vegetal e são compostas por cinco monómeros de açúcar diferentes: d-xilose, l-arabinose, d-glactose, d-manose e D- glucose (hexoses).

As principais hemiceluloses presentes na biomassa vegetal são a pectina e a xilana. Na madeira macia, a manose é o principal açúcar da hemicelulose. As hemiceluloses contêm grupos hidroxilo livres que conferem à madeira um carácter higroscópico inerente. Entretanto, as hemiceluloses são responsáveis pela interação com a água na madeira, e os hidrogéis preparados com estes materiais podem ter aplicações em áreas biomédicas (Karaaslan et al., 2011).

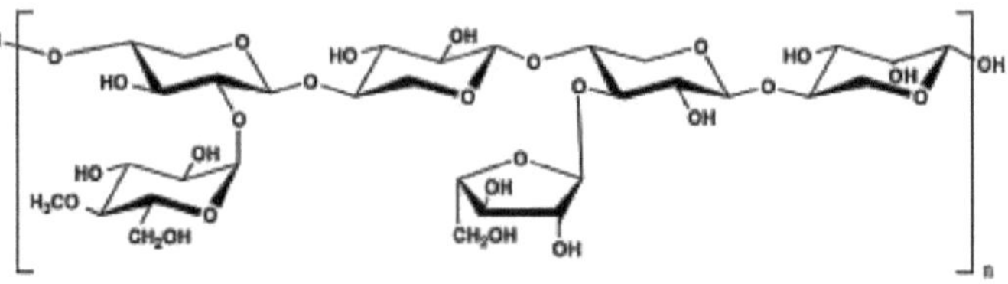

Fig. 3. Estrutura química das hemiceluloses.

1.1.3. Lenhina

As lenhinas são polímeros fenólicos multifuncionais de origem natural sintetizados na parede celular de todas as plantas vasculares por acoplamento radical de três hidroxipropanóides: álcool cumarílico, álcool coniferílico e álcool sinapílico (Christiernin, 2006; Lu et al., 2012). O teor de lenhina depende do tipo de árvore: cerca de 28% nas madeiras macias e 20% nas madeiras duras. Tem uma natureza aromática e amorfa e a sua estrutura depende da fonte de biomassa vegetal e dos métodos utilizados para a extração (Heitner et al., 2010). A estrutura polifenólica aromática das lenhinas actua como um agente de reforço entre os materiais lignocelulósicos. Um dos papéis importantes da lenhina é o controlo do fluxo de fluidos e a proteção das plantas contra a degradação mediada por micróbios. É um subproduto da polpação química da madeira nas indústrias de pasta e papel (Alekhina et al., 2015).

1.1.3.1. Esboço histórico

A investigação sobre a estrutura da lenhina foi iniciada pelo químico francês Anselme Payen (1795-1871), que tratou a madeira com ácido nítrico e soda cáustica, recuperando dois produtos diferentes. O primeiro foi designado por "celulose" e o outro, com maior teor de carbono, foi considerado um material de cobertura. Mais tarde, este material com maior teor de carbono foi reconhecido como "lignina", uma palavra derivada do latim lignum, que significa madeira (Sarkanen et al., 1971). A natureza aromática da lenhina foi realçada por Bente (1890). Benedikt e Bamberger (1890) descobriram que a lenhina é constituída por grupos metoxilo, ao contrário da celulose. A primeira compreensão principal da química da lenhina deve-se em grande parte ao trabalho de Peter Klason (1848-1937). Com base em provas experimentais, postulou que a lenhina se forma a partir do álcool coniferílico (Adler et al., 1977). Os procedimentos experimentais relatados por ele foram muito importantes na investigação da lenhina e ainda são aplicados (McCarthy et al., 1999; Brunow, 2004).

Além disso, Freudenberg (1959) e os seus colaboradores investigaram vários métodos para isolar a lenhina da madeira e caracterizá-la através de vários métodos analíticos. Em 1928, com base nesta investigação, propôs que a lenhina é um material amorfo e aparentemente desordenado, com uma espécie de ordem estrutural baseada em blocos ligados constituídos por unidades de fenilpropano. Adler (1961) propôs as primeiras fórmulas contendo 12 unidades fenilpropanóicas ligadas por ligações C-C e C-O, enquanto Freudenberg estabeleceu uma estrutura mais complexa para a lenhina de abeto com base em 18 unidades em 1965 (Freudenberg, 1965). Os estudos de Ludwig e Nimz (1964) propuseram os modelos estruturais do polímero de lenhina com base em estudos de ressonância magnética nuclear (RMN) para lenhinas de madeira macia e faia. Além disso, a desidrogenação oxidativa da lenhina revelou que os monómeros de lenhina estão ligados entre si por ligações carbono-carbono, éter e alquil-aril-éter (Chakar et al., 2004). Além disso, as contribuições pioneiras de Glasser e Sarkanen conduziram a conhecimentos significativos sobre a estrutura da lenhina (Sarkanen et al., 1982; Glasser et al., 1983; Glasser et al., 1999). O Prof. Ragauskas e a sua equipa de investigação contribuíram para a compreensão dos recursos biológicos sustentáveis. Os seus trabalhos são dedicados ao desenvolvimento de aplicações novas e melhoradas de lignocelulose para biomateriais, biocombustíveis e produtos químicos de base biológica. As novas aplicações das lignoceluloses foram estudadas por vários trabalhadores (Nagy et al., 2010; Pu et al., 2011; Ben et al., 2013). O crescente interesse pelos materiais lignocelulósicos nas últimas décadas reflecte-se no extenso número de livros (Lindberg et al., 1989; Heitner et al., 2010), revisões, publicações (Brunow,

2004; Pu et al., 2011; Laurichesse e Averous, 2013; Duval e Lawoko, 2014) e patentes (Sudo et al., 1994; Sjoholm et al., 2013) que abrangem uma variedade de temas e suas aplicações. Algumas das patentes relacionadas com a investigação sobre a lenhina são citadas no Quadro 2.

Quadro 2 Patentes relacionadas com a investigação sobre a lenhina.

Title	Country	Year	References
Method for stabilizing lignin fiber for further conversion to carbon fiber	-	2013	Sjoholm et al., (2013). WO2013112100A1
Production of pure lignin from lignocellulosic biomass	United states	2012	Wenger et al., (2012) US2012/0108798A1
Carbon fibre compositions comprising lignin derivatives		2011	Lignol Innovations Ltd. WO2011097721A1
Carbon fibers from kraft softwood lignin	United states	2010	Eckert et al., (2010) US7678358B2
Process for conversion of lignin to reformulated, partially oxygenated gasoline	United states	2001	Shabtai et al. US6172272B1
Process for conversion of lignin to reformulated hydrocarbon gasoline	United states	1999	Shabtai et al., (1999) US5959167A
Carbon fibers, acrylic fibers, and production processes thereof	United states	2000	Toray Industries, Inc. US6103211
Method for manufacturing lignin for carbon fiber spinning	United states	1994	Sudo et al., 1994 US5344921
Method for producing carbonized lignin fiber	United states	1969	Nippon Kayaku Kk US3461082

1.1.3.2. Estrutura química da lenhina

A estrutura química da lenhina é composta por unidades de fenilpropano, provenientes de três precursores de álcoois aromáticos (monolignóis), os álcoois *p-cumarílico*, coniferílico e sinapílico (Dorrestijin et al., 2000). As subestruturas fenólicas que se originam destes monolignóis são designadas por *p-hidroxifenilo* (H, do álcool cumarílico), guaiacilo (G, do álcool coniferílico) e siringilo (S, do álcool sinapílico) (Fig. 4). Ao longo da síntese da lenhina, as unidades de monolignóis são ligadas entre si através de reacções de acoplamento radicalar (Freudenberg et al., 1959; Freudenberg et al., 1968) para formar uma estrutura molecular tridimensional complexa que contém uma variedade de ligações com, normalmente, cerca de 50% de ligações éter β-O-4 (Dorrestijin et al., 2000; Chen e Sarkanen, 2003; Ralph et al., 2004). As lenhinas de folhosas são constituídas principalmente por unidades G e S e vestígios de unidades H (Ralph et al., 2004), ao passo que as lenhinas de resinosas são maioritariamente constituídas por unidades G, com baixos níveis de unidades H. As principais ligações numa fração de lenhina de madeira macia são apresentadas na Fig. 5. Os blocos estruturais da lenhina estão unidos por ligações de éter (C-O-C) ou ligações carbono-carbono (C-C), enquanto a principal ligação entre unidades é do tipo β-O-4. Para além dos 20 tipos diferentes de ligações presentes na própria lenhina, a lenhina está também associada às hemiceluloses, formando os chamados complexos de lenhina-carbohidratos (LCCs) (Garcia et al., 2009; Alekhina et al., 2015). A composição e o teor de lenhina são influenciados pelas espécies e também pelos métodos de isolamento. A lenhina é documentada como um polímero altamente ramificado com uma variação de grupos funcionais: hidroxilas alifáticas e fenólicas, grupos carboxílicos, carbonílicos e metoxílicos (Adler, 1977). A sua estrutura química tem sido sistematicamente estudada por numerosos métodos químicos e espectroscópicos, que estão bem descritos em várias publicações e livros (Glasser et al., 1999; Hu, 2002; Boerjan et al., 2003; Hu, 2008; Cazacu et al., 2013). Assim, a abundância de grupos funcionais e sítios químicos oferece diferentes perspectivas para modificações químicas e sugere que a lenhina poderia desempenhar um papel significativo como precursor de biocompósitos, produtos químicos aromáticos e produtos de valor acrescentado (Laurichesse e Averous, 2013; Duval e Lawoko, 2014).

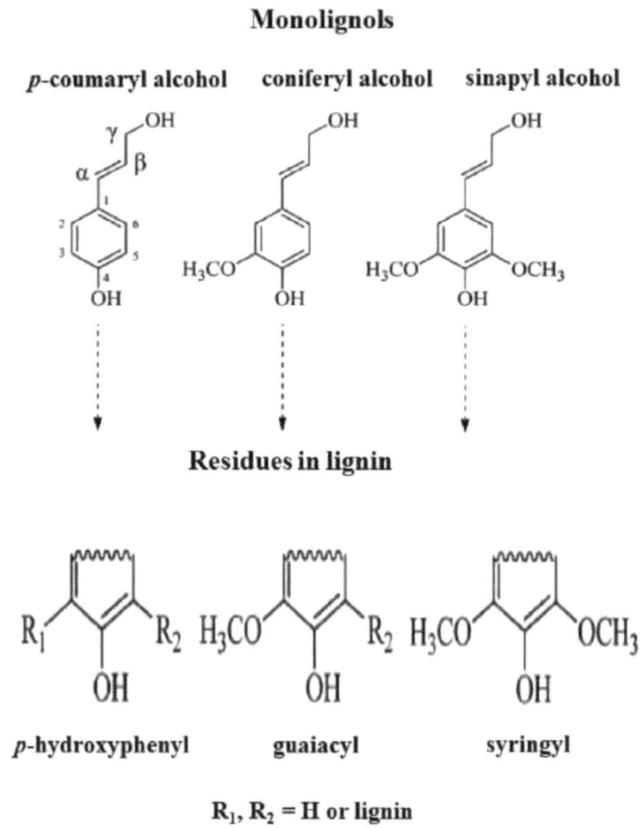

Fig. 4. Três principais precursores da lenhina e a sua estrutura correspondente nos polímeros de lenhina (Adaptado de Laurichesse e Averous, 2013).

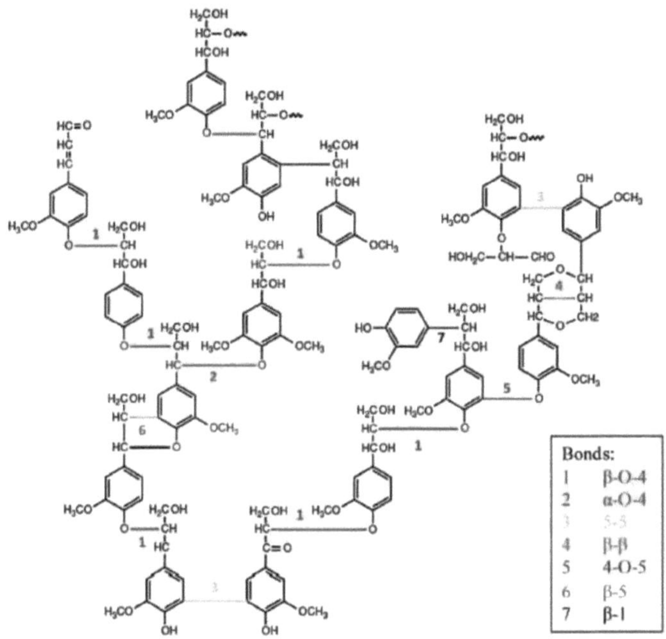

Fig. 5. Principais ligações presentes numa lenhina de madeira macia (Adaptado de Windeisen e Wegener, 2012; Laurichesse e Averous, 2013)

Capítulo 2

Métodos de extração de lignocelulose (lenhina e celulose)

Numerosos procedimentos têm sido utilizados para separar e purificar celulose, nanofibras de celulose (CNF) e lignina a partir de materiais lignocelulósicos, no entanto, todos esses procedimentos fornecem diferentes tipos de material (celulose e lignina) com propriedades químicas e físicas variáveis, dependendo da origem da matéria-prima e do pré-tratamento (Abdul Khalil et al., 2012). As nanofibras de celulose foram relatadas a partir de diferentes fontes, como fibra de cânhamo (Wang et al., 2007), palha de trigo e cascas de soja (Alemdar e Sain, 2008), bagaço de cana-de-açúcar (Bhattacharya et al., 2008), sisal (Moran et al, 2008), ráquis de banana (Zuluaga et al., 2009), farinha de madeira (Nogi et al., 2009), fibras de kenaf cruas (Jonoobi et al., 2010), madeira macia, palha de arroz, tubérculo de batata (Abe e Yano, 2009) e algodão (Teixeira et al., 2010). A fim de preparar CNF, foram comunicados diferentes métodos, como a combinação de hidrólise ácida e tratamento mecânico, tratamento enzimático e cisalhamento mecânico (Henriksson et al., 2007), método de oxidação catalítica mediada por TEMPO (radical 2, 2, 6, 6-tetrametilpiperidina-1-oxi) (Saito, 2006), explosão a vapor em meio alcalino (Kaushik e Singh, 2011). Alguns dos métodos são descritos a seguir:

2.1. Métodos de extração de nanofibras de celulose

2.1.1. Processos de fabrico de pasta

A polpação da madeira é efectuada através de dois métodos: químico e mecânico. A polpação mecânica envolve a utilização de cilindros rotativos feitos de arenito, raspando as fibras das aparas de madeira. Um tipo alternativo de polpa mecânica é a polpa de refinador, conseguida através da colocação de aparas de madeira no centro de discos de refinamento rotativos, na presença de água pulverizada. Os discos são plissados, quanto mais o material de madeira se aproxima da borda do disco, mais fina é a polpa (Ek et al., 2009; Abdul Khalil et al., 2012).

A homogeneização a alta pressão é outro processo mecânico utilizado principalmente para a síntese de nanofibras de celulose. Este é o método mais comummente utilizado nas indústrias de papel e pasta de papel. É composto por um refinador de discos de rotor e estator com barras e ranhuras nas superfícies, contra as quais as fibras são expostas a tensões cíclicas constantes. No processo de homogeneização, as polpas diluídas de fibras de celulose, previamente tratadas na refinação, são bombeadas a alta pressão e alimentadas através de um conjunto de valor carregado de alta pressão por mola (Herrick et al., 1982).

A polpação química é utilizada principalmente na indústria da pasta de papel e do papel para a deslenhificação da madeira. É normalmente efectuada por hidróxido de sódio (NaOH) e sulfureto de sódio (Na2S), sendo o OH- e o HS- os aniões activos no processo de cozimento. O sulfureto de hidrogénio actua como agente deslenhificante, enquanto o hidróxido mantém os fragmentos de lenhina em solução (Sjostrom, 1993; Ek et al., 2009). Recentemente, alguns solventes orgânicos como o etanol, o metanol, o ácido fórmico e o ácido acético, o peróxido de hidrogénio e o ozono são também utilizados como agentes deslenhificantes. Os métodos de polpação química consomem menos energia em comparação com os métodos de polpação mecânica. A recuperação de produtos químicos e a utilização de resíduos como combustível na fábrica de celulose são outros benefícios deste método (Ek et al., 2009; Abdul Khalil et al., 2012).

2.1.2. Hidrólise ácida

O método de hidrólise ácida é bem conhecido para a preparação de nanocristais de celulose, no qual a hidrólise mediada por ácido sulfúrico é efectuada em condições controladas. A suspensão hidrolisada é tratada com água desionizada para extinguir a reação. Para além disso, a suspensão é centrifugada para eliminar as fibras de celulose. As fibras de celulose resultantes são enxaguadas, recentrifugadas e dialisadas contra a água até um pH neutro constante (Cranston e Gray, 2006).

2.1.3. Explosão de vapor

O material lignocelulósico pode ser fraccionado em biopolímero e nanofibra utilizando técnicas de explosão a vapor. A explosão a vapor da biomassa tem sido estudada por muitos investigadores (Tanahashi et al., 1982; Deepa et al., 2011). A explosão a vapor envolve o tratamento da biomassa com vapor a alta pressão, durante curtos períodos de tempo, acompanhado de uma descompressão súbita, que individualiza as fibras de biomassa. Trata-se de um processo de hidrólise automática, que cliva as ligações glicosídicas, as ligações β-éter da lenhina e as ligações complexas lenhina-carbohidratos com pequenas modificações químicas da lenhina e dos carbohidratos. Esta técnica tem um maior rendimento de nanocelulose em comparação com outros métodos (Abdul Khalil et al., 2012).

2.1.4. Ultrasonicação

O método compreende uma combinação de tratamento químico e ultra-sons de alta intensidade. Após diferentes etapas de tratamento químico, as amostras são filtradas e enxaguadas com água desionizada até que os resíduos sejam neutralizados. Cerca de 100-120 mL de solução das fibras de celulose quimicamente purificadas em água desionizada ou 1 N HCl é colocado num gerador de ultra-sons comum de frequência de 20-25 kHz equipado com uma ponta de sonda de liga de titânio cilíndrica de 1,5 cm de diâmetro (Chen et al., 2011). Abe e Yano, (2010) utilizado método de ultra-sons para a preparação de nanofibras de celulose com potência de saída diferente da ultra-sons (viz. 400, 800, 1000, e 1200 W). O tratamento de ultra-sons foi levada a cabo sob um banho de gelo / água para manter a temperatura durante 30 min. A representação esquemática para a preparação de nanofibras de celulose é mostrada na Fig. 6

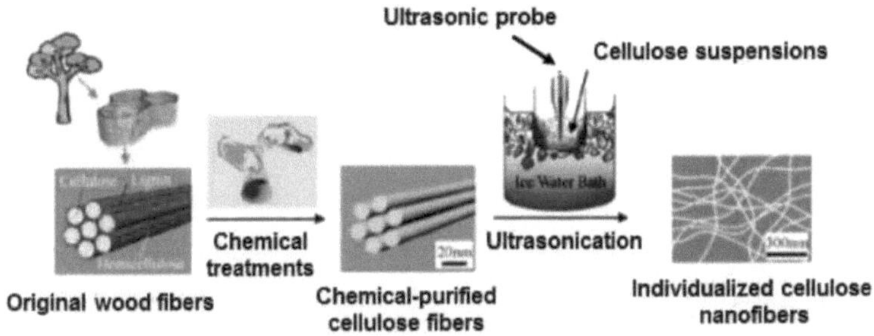

Fig. 6. Procedimento de preparação de nanofibras de celulose (Adaptado de Chen et al., 2011).

2.2.1. Processos de extração de lenhina

Ao longo dos anos, foram desenvolvidos vários métodos para separar os componentes da madeira , incluindo a lenhina. Estes podem ser classificados em dois tipos diferentes, dependendo da escala de extração: escala analítica e nível industrial.

2.2.2. Métodos analíticos

2.2.1.1. Lenhina de madeira fresada (MWL)

O método de extração de MWL foi descrito pela primeira vez por Bjorkaman em 1950. A MWL é extraída das aparas de madeira através do processo de moagem de bolas. As aparas de madeira são primeiro reduzidas a partículas finas por moagem, seguidas de extração à temperatura ambiente com 1,4-dioxano, sendo a lenhina extraída posteriormente precipitada em água. Este processo permite baixos rendimentos de recuperação, geralmente de 20 a 40% (Duval e Lawoko, 2014).

2.2.1.2. Lenhina enzimática celulolítica (CEL)

As aparas de madeira podem também ser tratadas com uma mistura de enzimas celulolíticas e hemicelulolíticas com capacidade para digerir hidratos de carbono. A lenhina de degradação assim libertada dos hidratos de carbono adjacentes pode então ser extraída de forma semelhante à MWL. A extração de CEL permite obter rendimentos mais elevados de lenhina. A CEL é estruturalmente muito próxima da MWL, embora pequenas variações possam ter origem num teor mais elevado de MWL na lenhina da lamela média (Holtman et al., 2004).

2.2.1.3. Lenhina por acidólise enzimática suave (EMAL)

O método EMAL foi descrito pela primeira vez por Wu e Argyropoulos (2003) e envolveu a digestão da madeira triturada por uma enzima celulolítica seguida de hidrólise ácida (baixa concentração) para quebrar as restantes ligações lenhina-carboidratos. A extração EMAL fornece lenhina de elevada pureza com maior peso molecular e rendimentos até 5 vezes superiores aos do método MWL ou CEL (Guerra et al., 2006).

2.2.2.1. **Processos industriais**

2.2.2.2. Lenhina Kraft (KL)

O processo Kraft envolve a utilização de uma solução aquosa contendo NaOH e Na_2S para solubilizar a lenhina e a hemicelulose no chamado licor negro. No processo kraft, a lenhina é despolimerizada por clivagem de ligações éter arilo, produzindo fracções solúveis, referidas como lenhina kraft, que é rica em grupos hidroxilo fenólicos (Lora et al., 2008). No entanto, a KL contém enxofre em pequenas quantidades devido à utilização de Na_2S, o que constitui uma desvantagem para a funcionalização química, principalmente quando é necessária catálise e para aplicações de mistura de polímeros. Para ultrapassar este problema, foram desenvolvidos novos métodos industriais para isolar o KL do processo de vapor. A Lignoboost desenvolveu um processo para a precipitação de KL através da aplicação de condições ácidas, tal KL técnica é um passo importante para a sua transformação em polímeros ou materiais de valor acrescentado (Duval e Lawoko, 2014).

2.2.2.3. Lignossulfonato (LS)

A LS é a lenhina mais importante disponível comercialmente, com cerca de 1 Mt/ano de produção (Strassberger et al., 2014). É produzida pelo processo de bissulfito, devido ao qual contém uma elevada quantidade de enxofre sob a forma de grupo sulfonato SO_3^- ligado ao carbono benzílico da unidade de fenilpropano na lenhina. A quantidade de grupo sulfonato varia de 0,4 a 0,5 por unidade C9 (Lora et al., 2008). O LS é um polielectrólito aniónico e altamente solúvel em água. Também tem propriedades tensioactivas e é vulgarmente utilizado em muitas indústrias, como dispersante e aditivo para betão (Lora et al., 2008).

2.2.2.4. Lenhina soda (SL)

A lenhina sodada é bastante semelhante à lenhina kraft, exceto que não contém enxofre. No processo de soda, a lignina é tratada com uma solução alcalina sem adição de aniões de sulfureto em condições semelhantes às da polpação Kraft. Uma vez que a presença de enxofre obstrui a reação de polimerização, o SL é aplicável a aplicações de polímeros, uma vez que não contém enxofre (Kosikova e Gregorova, 2005; Laurichesse e Averous, 2013). É principalmente aplicado à polpação de materiais não lenhosos, como palha de trigo, kenaf, cânhamo e bagaço (Doherty et al., 2011).

2.2.2.5. Lenhina organosolv

A lenhina extraída com vários solventes orgânicos e ácidos é designada por lenhina organosolv. Inicialmente, o etanol foi utilizado pela tecnologia Alcell, o metanol pela Organocell e a Acetosolv utilizou o ácido acético para a extração da lenhina. Estruturalmente, as lenhinas Organosolv têm grupos funcionais fenólicos elevados resultantes da clivagem alcalina e acidolítica de ligações éter arilo e são bastante semelhantes à lenhina nativa. As lenhinas Organosolv são principalmente isentas de enxofre, exceto a lenhina processada com metanol de antraquinona, que é uma boa fonte para aplicações de polímeros. Recentemente, foi desenvolvido um novo método organosolv com combinação de auto-hidrólise como pré-tratamento para obter lenhina purificada e funcional (Amendola et al., 2012). A principal vantagem do processo organosolv é a recuperação comparativamente fácil do solvente através da destilação. No entanto, existe um limite para o rácio líquido/biomassa que pode ser utilizado e a adição de solventes e catalisadores representa custos adicionais e esforços ambientais (Perez-Cantu et al., 2013).

A estrutura da celulose e da lenhina sofre alterações devido à variabilidade do processo e das condições de extração. Estas alterações estruturais afectam a sua utilização como agentes terapêuticos, biopolímeros e nanomateriais. É pertinente avaliar estas modificações na estrutura antes da sua posterior utilização. Vários autores descrevem técnicas químicas por via húmida, como o brometo de acetilo, o detergente ácido, a oxidação por Klason e permanganato, bem como métodos como a espetrofotometria ultravioleta (UV), a espetroscopia de infravermelhos próximos (NIR) e a espetroscopia de ressonância magnética nuclear (RMN) para os estudos estruturais. Algumas revisões forneceram uma base sobre a forma como ferramentas analíticas específicas, tais como técnicas de química húmida (Brunow, 2001; Lapierre et al., 2010), espetroscopia de massa (MS) (Reale et al., 2004), conversão termoquímica, RMN, espetroscopia eletrónica e vibracional, ajudaram na análise da lenhina (Brunow, 2001; Maunu, 2008; Ghaffar e Fan, 2013). Os grupos funcionais presentes na lenhina e as ligações entre a lenhina e os hidratos de carbono foram estudados por Brunow e Lundquist, (2010). Além disso, Lupoi et al. (2015) analisaram recentemente uma avaliação dos progressos realizados na investigação qualitativa e quantitativa da lenhina durante a última década, incluindo avanços químicos húmidos, cromatográficos, macroscópicos, termoquímicos e espectroscópicos.

Capítulo 3

Modificação química de material lignocelulósico

3.1. Modificação da celulose/nanofibras de celulose

O enorme potencial do material lenhocelulósico oferece inúmeras oportunidades para tirar partido da sua adaptabilidade a múltiplas aplicações. As lignoceluloses têm sido expostas a um enorme grupo de reacções, tanto para estudos fundamentais como para estudos aplicados. Embora muitos métodos proponham a modificação da superfície da lignocelulose (John e Anandjiwala, 2008; Sadeghifar et al., 2012), algumas abordagens que visam a modificação química de materiais lignocelulósicos são brevemente discutidas.

3.1.1. Acetilação

A acetilação melhora as propriedades físicas das nanofibras de celulose. Geralmente, utiliza-se um agente acetilante, como o anidrido acético com piridina, para a acetilação. A acetilação melhorou a transparência e reduziu as propriedades higroscópicas dos compósitos à base de celulose (Ifuku et al., 2007). Também foi referido que melhora a resistência à degradação térmica das fibras de celulose (Nogi et al., 2006).

3.1.2. Sililação

A silicação é efectuada com isopropildimetilclorosilano para modificar a superfície das microfibrilhas de celulose (Gousse et al., 2004). A modificação da superfície altera a propriedade das nanofibras de celulose de hidrofílicas para hidrofóbicas. A sililação é efectuada em condições suaves e controladas, para evitar a solubilização incompleta das nanofibras de celulose e a perda da nanoestrutura (Andresen et al., 2006).

3.1.3. Modificação com agente de acoplamento

A fim de melhorar a adesão entre as nanofibras de celulose e a resina epóxi, são efectuadas modificações na superfície utilizando agentes de acoplamento como o 3-aminopropiltrietoxissilano, o 3-glicidoxipropil-trimetoxissilano e um agente de acoplamento de titanato (Lica 38) (Lu et al., 2008). Entre os agentes de acoplamento acima referidos, o titanato proporciona a superfície mais hidrofóbica sem perturbar a estrutura cristalina das nanofibras de celulose, provavelmente devido à menor polaridade da cadeia alquílica do modificador de titanato.

A lenhina e a celulose extraídas, com e sem modificações, têm um vasto espetro de aplicações. Podem ser utilizadas para a síntese de biopolímeros, biocompósitos e nanocompósitos.

3.2. Modificação da lenhina

A estrutura complexa e os múltiplos grupos funcionais da lenhina tornam-na adequada para a produção de produtos de valor acrescentado. A lenhina pode ser utilizada diretamente sem modificação química ou com modificação química para sintetizar uma vasta gama de polímeros e produtos químicos. A modificação da lenhina foi bem analisada por Laurichesse e Averous, (2013). Em muitas aplicações, a lenhina tem sido utilizada diretamente, por exemplo, em elastómeros, como antioxidante e estabilizador ultraleve para reduzir o custo dos polímeros. O lignossulfonato também tem sido relatado como polieletrólito, devido à plasticidade e melhor capacidade de fluxo com outros polímeros (Liu et al., 2011). Por outro lado, devido à complexidade da sua estrutura, as lenhinas foram modificadas quimicamente para aumentar o leque das suas aplicações (Shweta e Jha, 2015). Estas modificações implicam a alteração da natureza do sítio químico reativo, principalmente dos grupos hidroxilo, utilizando a carboxilação, a aminação, a halogenação, a acetilação, a alquilação/alquilação e a nitração (El Mansouri et al., 2007; Shweta e Jha, 2015).

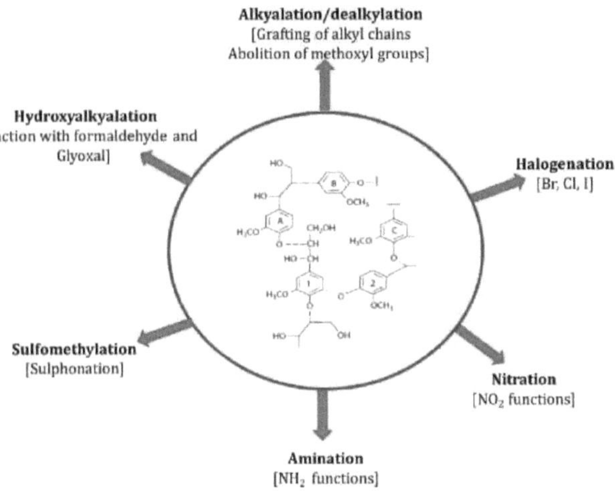

Fig. 7. Representação esquemática das reacções de modificação da lenhina (Adaptado de Laurichesse e Averous, 2013).

Capítulo 4

Métodos de preparação de produtos à base de lignocelulose compósitos

Os métodos utilizados para a síntese de compósitos também afectam as propriedades físico-químicas dos compósitos resultantes. Para melhorar as propriedades da mistura, muitos biopolímeros são reticulados por diferentes métodos, como a reticulação por UV, micro-ondas e tratamento térmico. A fundição em solução é um dos métodos simples e de baixo custo para a síntese de materiais biodegradáveis. Envolve a utilização de plastificantes como o glicerol, o sorbitol e agentes de reticulação (Sobral et al., 2001; Bigi et al., 2004). Para fabricar materiais à base de lignocelulose, foram utilizadas diferentes abordagens. Com base no domínio de aplicação, a celulose e a lenhina são misturadas com diferentes polímeros para melhorar as propriedades térmicas e mecânicas dos compósitos. Muitos compósitos à base de lenhina são sintetizados por enxerto com copolímeros. A reação da lenhina com éteres cíclicos, como o óxido de propileno, foi estudada (Nadji et al., 2005; Li e Ragauskas, 2012). Na enxertia, as cadeias poliméricas foram adicionadas à hidroxila da lenhina, para preparar um copolímero ramificado. Podem ser utilizados dois métodos diferentes para enxertar a lenhina com diferentes copolímeros: "Grafting from" e "Grating onto". O método "Grafting from" envolve a polimerização de abertura de anel para diferentes monómeros, iniciada por grupos hidroxilo da lenhina, e pode ser realizado numa única etapa de reação. No entanto, o método "Grafting onto" compreende etapas sequenciais: síntese das cadeias de polímeros que serão enxertadas, seguida da sua funcionalização numa extremidade com uma modificação química que reagirá com os grupos hidroxilo da lenhina, e a ligação final das cadeias de polímeros à molécula de lenhina.

Mais pormenores sobre este método foram bem discutidos por Duval e Lawoko, (2014). Um exemplo do método de enxertia é apresentado na Fig. 8.

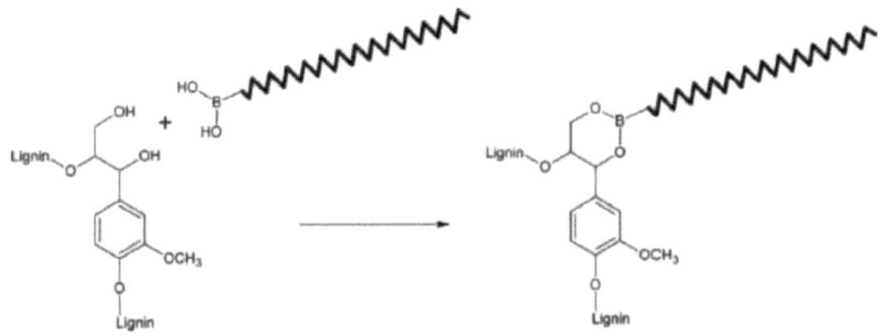

Fig. 8. Enxerto de polímeros terminados em ácido borónico na lenhina (Adaptado de Duval e Lawoko, 2014).

4.1 Cenário atual dos produtos à base de lenhinocelulose

As lignoceluloses têm a celulose e a lignina como componentes principais. A lenhina e a celulose possuem propriedades físico-químicas e térmicas que as tornam matérias-primas adequadas para a obtenção de vários produtos de valor acrescentado. No entanto, a biomassa lenhinocelulósica continua a ser utilizada como combustível e no fabrico de mobiliário. No entanto, uma grande quantidade de material lignocelulósico pode ser potencialmente convertida em vários tipos de produtos de valor acrescentado, como biocombustíveis, alimentos para animais, produtos de pasta e papel, produção de energia, antioxidantes e na preparação de compósitos poliméricos (Fernandes et al., 2013; Duval e Lawoko, 2014). Os principais campos onde as lignoceluloses são aplicadas extensivamente:

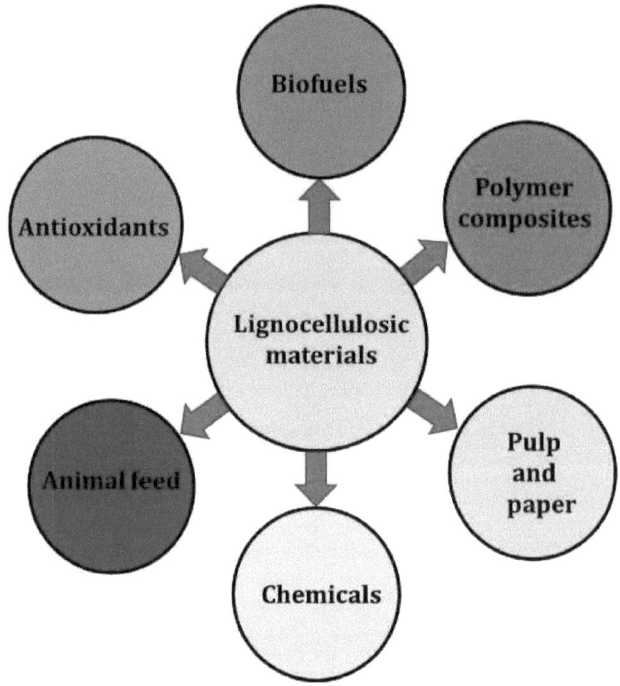

Fig. 9. Representação esquemática de produtos de valor acrescentado a partir de lenhinocelulose

materiais.

4.2 Compósitos ecológicos para materiais sustentáveis

Nos tempos modernos, tem havido um impulso para a utilização de polímeros não derivados do petróleo, devido à projeção de uma diminuição da oferta desta matéria-prima para materiais poliméricos. O impulso para a química verde, o respeito pelo ambiente e a sustentabilidade estão a orientar o progresso dos materiais, métodos e produtos da próxima geração. Os biopolímeros, os plásticos biodegradáveis e os produtos baseados em matérias-primas agrícolas e de biomassa anualmente renováveis podem constituir a base de uma carteira de produtos eco-eficientes e sustentáveis que podem competir e conquistar mercados atualmente dominados por produtos baseados em matérias-primas petrolíferas (Abdul Khalil et al., 2012).

No cenário atual, o sector da energia prevê um crescimento significativo da procura de energia (mais de 60%) até 2030 (Jacobson et al., 2009). Nos últimos anos, a biomassa tem-se desenvolvido como uma fonte renovável altamente atractiva de produtos químicos, materiais e combustíveis. Espera-se que a sua abundância e o seu atual desempenho como produtos de valor acrescentado possam acelerar a mudança para uma economia de base biológica, substituindo a indústria de base petrolífera em que se tem confiado há muito tempo (Barapatre et al., 2013).

A utilização de materiais de base biológica como agente de reforço para biocompósitos está a ganhar cada vez mais aceitação. O crescimento no desenvolvimento de plásticos de base biológica é notável do ponto de vista tecnológico e reflecte o seu rápido crescimento no mercado. A taxa média de crescimento anual da produção mundial de plásticos de base biológica foi de 38% entre 2003 e 2007. A capacidade mundial de plásticos de base biológica aumentou de 0,36 milhões de toneladas métricas (2007) para 2,33 milhões de toneladas métricas em 2013 e prevê-se que atinja aproximadamente 3,45 milhões de toneladas métricas em 2020 (Shen et al., 2009; Faruk et al., 2012).

A tendência emergente para a utilização de plásticos de base biológica oferece a oportunidade de explorar a síntese e produção de biopolímeros e compósitos a partir de lenhina e celulose.

4.3 . Síntese de nanomateriais mediados por lignocelulose

4.3.1 Biopolímeros

No presente ano, tem sido dada muita atenção à substituição de produtos à base de petróleo, de uma forma rentável, por materiais biodegradáveis. Os biopolímeros têm sido considerados como os materiais mais favoráveis para este fim. O termo biopolímero não só designa moléculas de cadeia longa que ocorrem naturalmente, mas também materiais que foram derivados de monómeros de base biológica (Song et al., 2009). É feito a partir de recursos renováveis anuais e pode ser facilmente biodegradado, resolvendo assim um grande problema relacionado com os produtos à base de petróleo e os plásticos. A matéria-prima não é de origem fóssil, melhorando assim a segurança dos recursos e, no final da sua vida útil, o polímero é biodegradado de forma eficiente sem gerar quaisquer resíduos (Yates e Barlow, 2013). A lenhina e a celulose podem ser utilizadas para a preparação de novos biopolímeros biodegradáveis e nanocompósitos que podem substituir eficazmente os produtos à base de petróleo e os plásticos. Para além das lenhinoceluloses, diferentes tipos de biopolímeros como os polissacáridos (alginatos, quitosano, pectina), proteínas (gelatina e proteínas de soja) são também biopolímeros preferidos para a preparação de materiais e nanomateriais biodegradáveis.

4.3.2 Bionanocompósitos

A nanotecnologia, um domínio interessante e em rápido crescimento do século XXI, está a criar um efeito muito significativo na indústria, na economia e na vida das pessoas a nível mundial. As nanopartículas são importantes devido à sua pequena dimensão e à grande relação superfície/volume, o que melhora as suas propriedades físicas e químicas. As novas propriedades químicas e físicas das partículas em nanoescala proporcionam funções úteis que estão a ser rapidamente exploradas na biotecnologia, nos sectores da energia, na medicina, na ciência dos materiais e na eletrónica (Iravani, 2011; Cheng et al., 2013; Tagad et al., 2013). Um aspeto crucial da nanotecnologia diz respeito à melhoria de protocolos experimentais rápidos e consistentes para a síntese de não materiais. As abordagens químicas e físicas existentes são geralmente dispendiosas e implicam a utilização de produtos químicos tóxicos. Por conseguinte, a síntese de nanopartículas e nanocompósitos com base em compostos de origem verde ou biológica tornou-se um dos principais objectivos da investigação. A química verde envolve o desenvolvimento e a aplicação de métodos baseados em produtos de origem biológica para reduzir a produção e o consumo de materiais perigosos (Williams, 2008; Moulton et al., 2010; Yang e Hong, 2013).

Os bionanocompósitos são geralmente definidos como uma combinação de dois ou mais materiais ou fases em que uma das fases tem pelo menos uma dimensão na gama dos nanómetros (1-100 nm) (Eichhorn et al., 2010). Os bionanocompósitos são compósitos potentes para aplicações biomédicas devido à semelhança nas escalas de comprimento da sua estrutura e dos componentes da matriz extracelular (ECM) (Fernandes et al., 2013). É pertinente que a lenhina, sendo um polifenol com uma variedade de grupos funcionais, seja utilizada para sintetizar nanopartículas através de processos oxidativos ou redutivos e posteriormente utilizada para estabilizar as nanopartículas

As nanofibras e as fibras de carbono, provenientes de recursos renováveis, são uma exigência das indústrias devido ao seu baixo custo de produção, sustentabilidade e melhores propriedades em comparação com os materiais sintéticos. Atualmente, a lenhina e a celulose também podem ser aplicadas para a produção de nanofibras e fibras de carbono bionanocompósitos de baixo custo. São geralmente moldadas utilizando técnicas de extrusão por fusão, mas recentemente os métodos de electrospinning estão também a ser utilizados para a produção de fibras ultrafinas com diâmetros da gama nano (Konwarh et al., 2013).

Os materiais lignocelulósicos e as nanofibras electrospun baseadas nos seus derivados têm uma vasta gama de aplicações, incluindo bio-sensores, administração de medicamentos, engenharia de tecidos, têxteis auto-limpantes, bio-separação, automóveis, etc. (Hu e Heish, 2013; Konwarh et al., 2013).

Um aspeto crucial da nanotecnologia diz respeito à atualização de protocolos experimentais rápidos e consistentes para a síntese de nanomateriais. As abordagens químicas e físicas existentes são geralmente dispendiosas e implicam a utilização de produtos químicos tóxicos. Por conseguinte, a síntese de nanopartículas de prata (AGNP) com base em compostos verdes ou de origem biológica tornou-se um dos principais objectivos da investigação. A química verde envolve o desenvolvimento de métodos baseados em produtos de origem biológica para diminuir a produção e o consumo de materiais perigosos (Naik et al., 2002; Raveendran et al., 2003; Moulton et al., 2010; Yang e Hong, 2013).

A síntese ecológica de nanopartículas de prata utilizando extractos de plantas, como o extrato de casca de manga (Yang e Hong, 2013), microrganismos (Vigneshwaran et al., 2007; Pugazhenthiran et al., 2008) e alguns biopolímeros, como o quitosano (Yoksan et al., 2010), o amido (Mohanty et al., 2012) e o pululano (Kanmani et al., 2013), foi já referida anteriormente. No entanto, a literatura relata a síntese limitada de nanopartículas de prata utilizando resíduos agrícolas ou florestais, tais como banana, *Annona squamosa* e extrato de casca de manga (Bankar et al., 2010;

Rajendran et al., 2012; Yang e Hong, 2013). A literatura mostra que os polifenóis como o poli-eugenol e a lenhina kraft servem como um agente estabilizador eficaz para nanopartículas de ouro e agente dispersante para nanotubos de carbono, respetivamente. As lenhinas *de acácia* são potentes antioxidantes e podem ser utilizadas para reduzir iões metálicos que apresentam um potencial redox relativamente elevado (Garcia et al., 2010; Aadil et al., 2014).

Além disso, os bionanocompósitos de elevado desempenho são sintetizados utilizando extrusoras e máquinas de mistura, tais como fibras de carbono à base de lenhina e compósitos à base de nanofibras de celulose (Uraki et al., 1995; Kubo et al., 1998). Atualmente, as técnicas de electrospinning também têm sido utilizadas para a produção de nanofibras tridimensionais para filtros e aplicações biomédicas (Knowarh et al., 2013; Hu e Heish, 2013).

Nos últimos anos, tem-se verificado um crescimento notável na conceção e desenvolvimento de novos métodos para a deteção e determinação do peróxido de hidrogénio (H2O2), iões de metais pesados e biomoléculas como a glucose, etc. Uma determinação rápida, precisa e consistente do H2O2 desempenha um papel vital em muitos domínios, incluindo cosméticos e componentes farmacêuticos, alimentos e produtos agrícolas, indústrias químicas e bioquímicas, proteção ambiental, controlo clínico, aplicações médicas e branqueamento de papel (Niethammer et al., 2009; Liu et al., 2011; Rojas et al., 2011).

Atualmente, a titulação (Klassen et al., 1994), a espetrofotometria (Matos et al., 2006), a fluorometria (Tanai et al., 1999), a cromatografia (Pinkernell et al., 1997), a quimioluminescência (Tahirivic et al., 2007) e as técnicas electroquímicas (Jia et al., 2009) são utilizadas para a deteção e determinação de H2O2 e iões de metais pesados. De um modo geral, o sensor eletroquímico com um excelente limite de deteção de H2O2 e iões de metais pesados permite a medição direta e em tempo real, mesmo em amostras biológicas. Além disso, foram também aplicados biossensores baseados em enzimas, como a glucose oxidase para a deteção da glucose e a colesterol oxidase para a deteção do colesterol (Wu et al., 2004; Cai et al., 2013). No entanto, os biossensores baseados em enzimas perdem geralmente a sua atividade catalítica durante a medição e não são selectivos quando utilizados em sistemas biológicos que incluem outros compostos electroactivos, como o ácido ascórbico, o ácido úrico e a dopamina, etc. (Kurowska et al., 2013). Para evitar esta desvantagem, tem sido dada uma atenção considerável aos nanomateriais com propriedades enzimáticas melhoradas para desenvolver sensores electroquímicos e não enzimáticos para a deteção de H2O2 e iões de metais pesados (Endo et al., 2008; Zhong et al., 2013; Kurowska et al., 2013).

Capítulo 5

Aplicações industriais de materiais à base de lignocelulose

Os compósitos ecológicos, ou nanocompósitos, baseados em recursos renováveis têm potencial para proporcionar benefícios ao ambiente natural e aos utilizadores finais devido à diminuição dos recursos petrolíferos. Em geral, os nanocompósitos são materiais bifásicos em que uma das fases tem, pelo menos, uma dimensão na gama dos nanómetros (1-100 nm). Foi sugerido que as limitações intrínsecas dos materiais de embalagem à base de biopolímeros podem ser ultrapassadas através da tecnologia de nanocompósitos (Rhim et al., 2013). As vantagens dos materiais nanocompósitos são as suas boas propriedades de barreira, resistência mecânica e melhor resistência ao calor, em comparação com os polímeros de controlo e os compósitos convencionais.

A celulose e a lenhina encontram-se entre os materiais renováveis mais abundantes na terra. Ambos têm propriedades, estrutura e aplicações diferentes. Assim, os compósitos à base de lenhina e celulose diferem no seu processo de síntese, propriedades e utilizações. A lenhina pode ser utilizada como carga na preparação de compósitos poliméricos, dispersantes, tintas, adesivos, espumas, nanofibras e fibras de carbono. A lenhina é também um precursor de vários produtos químicos de valor acrescentado, como a vanilina, o ácido ferúlico, os fenóis, etc. (Menon et al., 2012). A lenhina e os seus produtos podem também ser um potente agente anticancerígeno, antimutagénico, anti-HIV e antidiabético (Slamenova et al., 1999; Koisikova et al., 2002; Bedoya et al., 2005; Barapatre et al., 2015), o que sugere a sua aplicação putativa em cosméticos e preparações farmacêuticas com efeitos secundários mínimos nas células humanas.

5.1. Nanocompósitos à base de celulose

Têm sido utilizados numerosos procedimentos para separar a celulose purificada, as nanofibras de celulose (CNF) e a lenhina de materiais lignocelulósicos. Todas estas técnicas fornecem diferentes tipos de material (celulose e lenhina) com diferentes propriedades químicas e físicas, dependendo da origem da matéria-prima e do seu pré-tratamento e, mais proeminentemente, do próprio processo de fragmentação (Abdul Khalil et al., 2012).

O nanocristal de celulose é um dos biopolímeros mais importantes e tem atraído um grande interesse no domínio dos nanocompósitos devido às suas interessantes propriedades inerentes, como a dimensão à nanoescala, a baixa densidade e a elevada resistência mecânica, a elevada área superficial e a morfologia única. Além disso, pode ser simplesmente alterado e está prontamente disponível, é renovável e biodegradável (Kargarzadeh et al., 2015). Devido à excelente biocompatibilidade, os materiais à base de celulose são bem reconhecidos e adequados no campo da biomedicina (Fernandes et al., 2013). As aplicações de celulose e bionanocompósitos à base de celulose têm sido bem documentadas na literatura (Abdul Khalil et al., 2012; Fernandes et al., 2013).

Iwatake et al., (2008), relataram o reforço de ácido poliláctico (PLA) utilizando celulose microfibrilada (MFC, pasta mecanicamente fibrilada, maioritariamente constituída por nanofibras). O estudo foi realizado para conhecer o potencial de reforço por uma rede de nanofibras, com o objetivo de produzir "compósitos verdes" sustentáveis. O MFC foi pré-misturado com PLA usando solvente orgânico e a mistura foi amassada para obter uma dispersão uniforme do MFC no PLA. Verificaram que o MFC aumentou o módulo de Young e a resistência à tração do PLA em 40% e 25%, respetivamente, sem uma diminuição da tensão de cedência a um teor de fibra de 10 wt%. Por outro lado, as nanofibras obtidas a partir de polpa kraft branqueada de folhas de agulha reduziram a tensão de cedência em 30% e reduziram a resistência em 15% a um teor de fibra de 5% em peso.

Os nanocristais de celulose foram amalgamados com poli-R-3-hidroxibutirato (PHB), para melhorar as propriedades físicas do biopolímero PHB (Plackett e Vazquez, 2004). Os nanocristais de celulose foram também quimicamente modificados por trimetilsililação, para reduzir a hidrofilicidade dos biocompósitos. No entanto, os cristais de celulose não modificados demonstraram melhores caraterísticas de reforço do que os nanocristais modificados (Grunert e Winter, 2002). Além disso, a nanofibra de celulose foi também misturada com amido termoplástico (TPS), com o objetivo de melhorar as propriedades termomecânicas e reduzir a sensibilidade à água dos nanocompósitos à base de amido de batata (Dufresne e Vignon, 1998; Dufresne et al., 2000).

Além disso, existem várias revisões que se centraram nas aplicações de nanomateriais à base de celulose nos domínios farmacêutico e médico (Kalia et al., 2011; Klemm et al., 2011), nas indústrias do papel e da impressão (El-Saied et al., 2004; Kamal, 2007), no fabrico de compósitos avançados (Eichhorn et al., 2010;), em dispositivos electrónicos e em compósitos sensíveis à luz (Samir et al. 2005; Siro e Plackett, 2010). Avanços recentes sugerem a sua utilização em domínios biomédicos, tais como sistemas de cicatrização de feridas, andaimes, engenharia de tecidos e preparação de hidrogéis (Sannino et al., 2009; Li e Pan, 2010; Petersen e Gatenholm, 2011). Por conseguinte, os nanocompósitos à base de celulose têm um grande alcance e tornaram-se um dos biomateriais mais importantes do século XXI.

5.2. Materiais compósitos à base de lenhina

A estrutura aromática e os numerosos grupos funcionais da lenhina têm atraído uma atenção crescente para a sua utilização eficaz na formação de películas, desenvolvimento de polímeros, adesivos, revestimentos, aditivos, fibras de carbono, carvão ativado e como inibidor de corrosão (Park et al., 2008; Wang et al., 2009; Nunez-Flores et al., 2013). A adição de lignina aumenta a hidrofilicidade, a biocompatibilidade, a biodegradabilidade e a estabilidade térmica dos compósitos. Atualmente, são utilizados diferentes tipos de lenhina para a preparação de redes de polímeros interpenetrantes (IPN) que consistem em duas ou mais redes de polímeros, por exemplo, lenhina e goma xantana como hidrogel superabsorvente. Devido às suas propriedades antioxidantes, é também misturada com muitas matrizes poliméricas, como o poliestireno, o polipropileno e a borracha natural (Pouteau et al., 2003; Duval e Lawoko, 2014).

5.3. Aplicações da lenhina

A lenhina tem muitas aplicações, como antioxidantes, agentes anticancerígenos, biocompósitos e nanocompósitos. Desempenha também um papel importante na produção sustentável de produtos químicos de valor acrescentado, incluindo hidrocarbonetos (ciclo-hexano) e produtos químicos aromáticos como o fenol, a vanilina, o ácido ferúlico, etc. Está em curso investigação para integrar a lenhina em processos industriais e para destacar a sua utilização como matéria-prima renovável, para substituição de produtos à base de petróleo, principalmente fenóis em preparações de resina de fenol- formaldeído (Kouisni et al., 2011). A fim de melhorar a reatividade da lenhina, foram feitas várias tentativas através da modificação funcional da lenhina. As modificações são geralmente efectuadas através de reacções de epoxidação, fenolação e acetilação, misturando a lenhina com resinas epoxídicas (Sun et al., 2007; El Mansouri et al., 2011; Laurichesse e Averous, 2013). Estas modificações melhoraram ainda mais as propriedades da lenhina e tornaram-na passível de ser biotransformada em produtos de valor acrescentado e, consequentemente, em aplicações de largo espetro. A visão geral dos produtos químicos e produtos de valor acrescentado derivados da lenhina está resumida na Fig. 10.

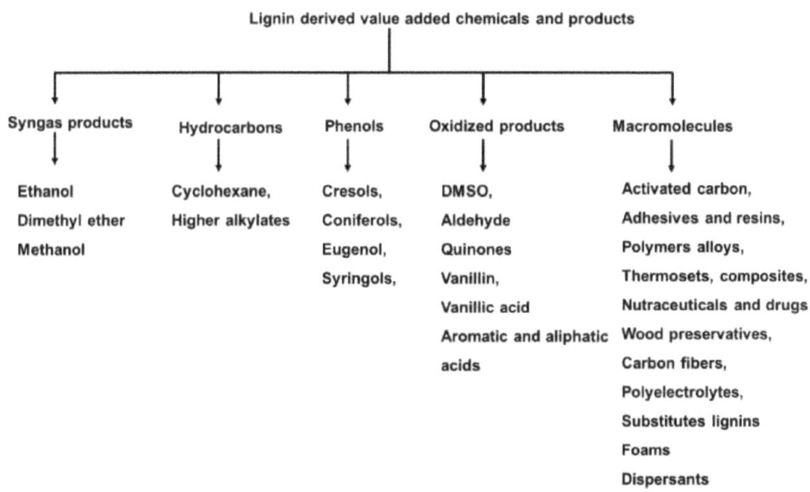

Fig. 10. Diagrama esquemático de produtos químicos e produtos de valor acrescentado à base de lenhina

(Menon et al., 2012).

5.3.1. Lenhina como antioxidante

Os antioxidantes e os compostos terapêuticos provenientes de recursos naturais são de interesse devido à sua elevada eficácia, baixa toxicidade e bioeficácia. A natureza polifenólica caraterística e os diferentes grupos funcionais (hidroxilos fenólicos e alifáticos, carbonilos e carboxilos) da lenhina sugerem a sua aplicação como potentes compostos antioxidantes e terapêuticos (Aadil et al., 2014). A lenhina pode atuar como neutralizador ou inibidor no processo de oxidação-redução, reduzindo assim o stress antioxidante. A eficácia da capacidade antioxidante ou de eliminação de radicais livres dos compostos fenólicos depende principalmente do material lignocelulósico e do procedimento de extração, bem como da presença e da posição dos grupos hidroxilo no anel aromático (Sroka e Cisowski, 2003; Garcia et al., 2010).

Atualmente, existe um grande interesse nos compostos antioxidantes naturais provenientes de recursos vegetais. A estrutura polifenólica aromática das lenhinas actua como um agente de reforço entre os materiais lignocelulósicos. Devido ao elevado teor de vários grupos funcionais (hidroxilos fenólicos e alifáticos, carbonilos, carboxilos, etc.), podem atuar como neutralizadores ou inibidores nos processos de oxidação e redução. Normalmente, o grupo fenólico presente na lenhina facilita a eliminação de radicais livres contendo oxigénio, o que constitui uma medida da sua atividade antioxidante (Dizhbite et al., 2010). A estimativa das actividades de eliminação de radicais livres através da redução do 2,2-difenil-1-picril-hidrazil (DPPH·) (Brand-Williams et al., 1995), do ácido 2,2-azinobis- (3-etilbenzotiazolina-6-sulfónico) (ABTS·+) (Arnao et al, 2001) e o Poder Antioxidante Redutor Férrico (FRAP) (Benzie e Strain, 1996) são métodos antioxidantes simples, económicos e fáceis de interpretar, baseados na cinética da reação de transferência de um único eletrão (SET) ou de transferência de átomos de hidrogénio (HAT) (Wootton-Beard et al., 2011, Aadil et al., 2014).

Diferentes compostos antioxidantes presentes nos alimentos, legumes e ervas, como vitaminas, flavonóides e outros compostos fenólicos, incluindo derivados da lenhina, reduzem o stress oxidativo através da eliminação dos radicais livres (Thaipong et al., 2006; Fradet et al., 2008; Chong et al., 2013; Chan et al., 2013). Os polifenóis desempenham um papel importante na neutralização dos radicais livres e na redução do stress antioxidante. A eficácia da capacidade antioxidante ou de eliminação de radicais livres dos compostos fenólicos depende principalmente do material lignocelulósico e do procedimento de extração, bem como da presença e da posição dos grupos hidroxilo no anel aromático (Sroka e Cisowski, 2003; Garcia et al., 2010). O estudo *in vitro* em células isoladas de mamíferos forneceu provas de que a lenhina protege o ADN de lesões oxidativas através da eliminação dos radicais -OH (Slamenova et al., 1999; Labaj et al., 2004). O potencial da lenhina como agente anticarcinogénico e antimutagénico sugere a sua utilização em cosméticos e preparações farmacêuticas com efeitos secundários mínimos nas células humanas (Koisikova et al., 2002; Ugartondo et al., 2008). Os compostos relacionados com a lenhina, como as 4-fenilcumarinas, também foram registados como inibidores da transcrição anti-HIV (Bedoya et al., 2005). Além disso, a lignina alcalina também mostrou atividade inibitória da α-amilase *in vitro*, sugerindo suas potenciais propriedades anti-hiperglicêmicas (Barapatre et al., 2015). Assim, as propriedades antioxidantes, α-amilase e de inibição do movimento da glicose *in vitro* da lenhina sugerem a sua aplicação terapêutica plausível no tratamento da diabetes e do stress oxidativo.

5. 3.2. Biossensor e biofiltros

A lenhina também demonstrou ser um bom absorvente de metais pesados e, por conseguinte, pode ser utilizada para a água e outros sistemas de purificação. Foi comunicada a formação de complexos de lignossulfonato e de lignina organossolv com iões metálicos (Milczarek et al., 2013). Nos últimos anos, tem havido um interesse significativo na conceção e desenvolvimento de novos métodos para a determinação de iões de metais pesados e peróxido de hidrogénio (Kurowska., et al., 2013; Aadil et al., 2016). As nanopartículas metálicas têm sido potencialmente aplicadas nos domínios da eletrónica, do ambiente, da catálise e da bio-sensorização (Satishkumar et al., 2009; Cheng et al., 2013; Tagad et al., 2013). Em particular, devido ao seu baixo custo, elevada atividade catalítica e propriedades ópticas notáveis, as nanopartículas de prata (AGNP) tornam-se um material promissor no reconhecimento de moléculas químicas e biológicas ultra-sensíveis.

As AGNP têm sido aplicadas com sucesso na deteção de alguns produtos químicos e biomoléculas, tais como glicose, ácido fólico, H2O2 e compostos nitro aromáticos (Lu et al., 2011; Zhang et al., 2012; Zhong et al., 2013). Recentemente, nanopartículas de prata estabilizadas com lignossulfonato foram aplicadas com sucesso para a deteção de iões de metais pesados e peróxido de hidrogénio (Milczarek et al., 2013; Aadil et al., 2016).

5.3.3. Fibras de carbono (FC)

A necessidade de CFs para aplicações estruturais tem vindo a crescer progressivamente desde a introdução de materiais compósitos leves na indústria aeronáutica e aeroespacial (Kadla et al., 2002). Atualmente, os precursores mais comuns utilizados são principalmente o poliacrilonitrilo (PAN) e, em menor quantidade, o breu derivado do carvão ou do petróleo e a celulose regenerada (Baker et al., 2010; Kim et al., 2011). Um potencial precursor substituto dos CFs é a lignina, uma das macromoléculas naturais mais abundantes. Apesar da heterogeneidade química, bem como das variações estruturais dependentes da fonte e do processo, o elevado teor de carbono e a estrutura fenólica da lenhina fazem dela uma excelente fonte de carbono de substituição e um auxiliar para os produtos de carbono à base de petróleo.

A lenhina tem sido utilizada como precursor para a síntese de fibras de carbono. A primeira e única fibra de carbono à base de lenhina disponível no mercado foi a Kayacarbon, fabricada à escala piloto pela Nippon Kayaku Co. em 1967 (Qin e Kadla, 2011). A primeira fibra de carbono à base de lenhina foi fabricada utilizando lenhossulfonato misturado com poli (álcool vinílico). Além disso, foram estudados outros tipos diferentes de lenhina, como a lenhina de ácido acético (Uraki et al., 1995; Kubo et al., 1998), a lenhina kraft, a lenhina Alcell (Kadla et al., 2002; Kubo e Kadla, 2005), a lenhina de explosão a vapor (Sudo e Shimizu, 1992; Sudo et al., 1993) e a lenhina pirolítica (Qin e

Kadla, 2011) como precursores de fibras de carbono. Kadla et al. (2002) estudaram a lenhina Kraft e organosolv, bem como misturas de lenhina. As fibras fiadas por fusão foram estabilizadas a 250 °C e carbonizadas a 1000 °C, atingindo resistências à tração de cerca de 0,5 GPa e módulos de até 60 GPa. Em comparação com outras fibras de carbono à base de produtos petrolíferos, as fibras de carbono derivadas da lenhina apresentam uma série de vantagens, tais como a abundância de lenhina como subproduto das indústrias da pasta e do papel e, além disso, a utilização da lenhina como fonte de carbono é rentável e amiga do ambiente. Foram relatadas fibras de carbono à base de lenhina em fibras precursoras fundidas a partir de lenhina acética de madeira macia (Uraki et al., 2001) ou electrospun a partir de lenhina Alcell em etanol (Ruiz-Rosas, 2010). Recentemente, Hu e Heish (2013) desenvolveram uma abordagem mais sustentável para fabricar fibras de carvão ativado ultrafinas à base de lenhina e óxido de polietileno (PEO) utilizando a técnica de electrofiação.

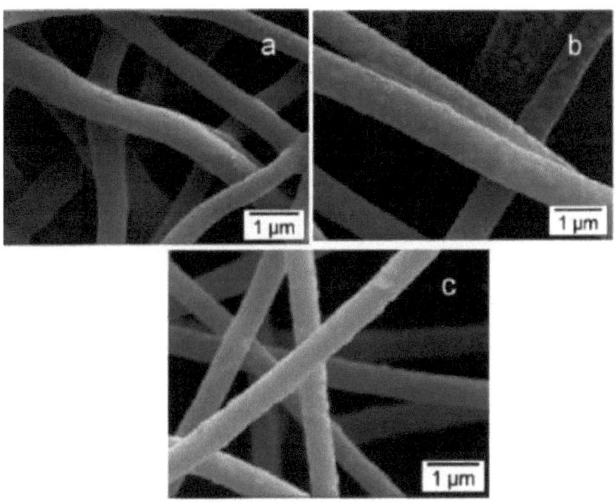

Fig. 11. Fibras híbridas electrospun de lenhina alcalina-óxido de polietileno (PEO) (Adaptado de Hu e Hsieh, 2013).

5.3.4. Materiais biodegradáveis e termoplásticos

Nos últimos anos, têm-se desenvolvido materiais à base de biopolímeros com elevado desempenho a um custo acessível. Estes materiais podem ser utilizados para embalar e aumentar o prazo de validade de alimentos e legumes. Os biopolímeros, principalmente as películas à base de hidratos de carbono, são frequentemente utilizados para a preparação de películas comestíveis com boas propriedades mecânicas e de barreira à água (Huq et al., 2012). A cobertura defensiva ou barreira fornecida durante o processamento, armazenamento e manuseamento não só inibe a deterioração prejudicial dos alimentos, como também pode melhorar a sua qualidade.

Recentemente, biopolímeros como proteínas (gelatina, trigo, soja, etc.) (Mu et al., 2012), lípidos e polissacáridos (amido, celulose, alginato, quitosano) (Harper et al., 2013; Hassan e Norziah, 2012) são considerados materiais favoráveis para compósitos verdes. Entre eles, a gelatina é um dos melhores biopolímeros com uma vasta gama de propriedades funcionais, como a formação de película e gelificação. A gelatina é extraída através da hidrólise parcial do colagénio fibroso insolúvel presente nos ossos e na pele dos animais (Patil et al., 2000; Cao et al., 2007; Aadil et al., 2016). Além disso, a gelatina é uma matéria-prima promissora para materiais de embalagem biodegradáveis devido às suas boas propriedades de barreira contra o oxigénio e aromas com humidade relativa intermédia (Jongjareonrak et al., 2006; Carvalho et al., 2008; Aadil et al., 2016).

Para além da gelatina, o alginato é também um biopolímero favorável ao desenvolvimento de biocompósitos biodegradáveis. A propriedade mais fascinante do alginato é a sua capacidade de reagir com iões metálicos polivalentes (Benavides et al., 2012). É normalmente utilizado sob a forma de um hidrogel em biomedicina, incluindo a cicatrização de feridas, aplicações de engenharia de tecidos, bem como materiais de embalagem (Sirvio et al., 2014). Tem também certas propriedades únicas, como a biocompatibilidade, a não toxicidade, a hidrofobicidade e a capacidade quelante (Derkus et al., 2014). Embora os biocompósitos à base de alginato tenham potencial para serem utilizados em aplicações biomédicas e embalagens, faltam-lhes propriedades mecânicas como a resistência e a barreira (Sirvio et al., 2014). Para superar este problema, o alginato é misturado com outros biopolímeros e cargas como alginato-pectina (Da silva et al., 2009), argila montmorilonita (Alboofetileh et al., 2013), nanocristais de celulose (Sirvio et al., 2014).

Muitos biopolímeros e compósitos são sintetizados como alternativa aos plásticos, como filme de carboximetilcelulose-gelatina (Mu et al., 2012), filme de amido-gelatina (Hassan e Norziah, 2012), filme de lignina-gelatina (Nunez Flores et al, 2012; Nunez Flores et al., 2013; Aadil et al., 2016), filme de polibutadieno terminado em lignina-hidroxila (Sarkar e Adhikari, 2001) e resina à base de lignina (Park et al., 2008). A utilização efectiva da lenhina em misturas com diferentes biopolímeros e polímeros sintéticos, tais como poli(álcool vinílico), poli(etileno), poli(ácido lático), poli(cloreto de vinilo) e como cargas em resina de fenol-formaldeído e poliuretanos, também foi relatada na literatura (Sahoo et al., 2011; Saito et al., 2012; Gordobil et al., 2014). Alguns compostos fenólicos e polifenólicos, como o ácido ferúlico e o ácido tânico, também são utilizados como agentes de reticulação com gelatina devido à sua capacidade de reagir com aminoácidos, antioxidantes e muitos compostos farmacêuticos que melhoram as propriedades mecânicas e químicas da película (Cao et al., 2007). Para além disso, os antioxidantes naturais, os agentes antimicrobianos, os aromas e os corantes (Norajit et al., 2010) podem ser amalgamados em materiais de embalagem para expandir a sua funcionalidade, as suas propriedades e conferir-lhes novas funções.

No entanto, os biopolímeros apresentam propriedades mecânicas e de barreira relativamente fracas, o que limita atualmente a sua utilização industrial. Os problemas associados aos biopolímeros são o seu custo, processamento e desempenho (Scott, 2000; Trznadel et al., 1995; Pandey et al., 2005). Algumas propriedades, como a fragilidade, a baixa temperatura de distorção térmica, a elevada permeabilidade ao gás e ao vapor e a fraca resistência a operações de processamento prolongadas, limitaram fortemente as suas aplicações (Sinha et al., 2003; Sorrentino et al., 2006).

Foi sugerido que as limitações intrínsecas dos materiais de embalagem à base de biopolímeros podem ser contrariadas pela tecnologia de nanocompósitos (Arora e Padua, 2010). Os nanocompósitos exibem propriedades de barreira melhoradas, maior resistência mecânica e melhor resistência ao calor em comparação com os seus polímeros originais e compósitos convencionais (Sinha et al., 2006; Sorrentino et al., 2007). O melhor exemplo é a utilização de argila montmorilonite nanométrica para melhorar as propriedades mecânicas e térmicas do nylon (Cho et al., 2001). Quando utilizados em embalagens de alimentos, espera-se que os nanocompósitos resistam ao stress do processamento térmico dos alimentos, ao transporte e ao armazenamento (Sinha et al., 2003; Thostenson et al., 2005).

A utilização de materiais de embalagem nanocompósitos tem muitas vantagens, tais como elevada resistência mecânica, resistência ao calor, propriedades de barreira ao vapor de água e aos gases (oxigénio, dióxido de carbono), estabilidade térmica, boa transparência ótica, desenvolvimento de superfícies activas antimicrobianas e antifúngicas, estabilidade química, reciclabilidade, biodegradabilidade, deteção e sinalização de alterações microbiológicas e bioquímicas (Rhim et al., 2013).

5.3.5. Lenhina como resina/adesivo

O progresso dos polímeros a partir de recursos renováveis é um campo que está a ganhar cada vez mais atenção devido a caraterísticas como a sustentabilidade, o controlo ambiental e o baixo custo de produção (Koronis et al., 2012; Shibata et al., 2013). A fim de substituir o fenol derivado do petróleo na resina fenol-formaldeído, a lignina é utilizada como substituto para a síntese da resina. O principal desafio reconhecido na substituição do fenol por lenhina é que as lenhinas são menos reactivas devido à falta de locais de reatividade para modificação química. O método de extração de lenhina e a fonte de matéria-prima têm um impacto principal nas propriedades da resina à base de lenhina (Lee et al., 2015). Estas limitações são ultrapassadas através da utilização de diferentes métodos de extração e de modificação química.

As lenhinas são um dos biomateriais mais amplamente utilizados, pelo que as lenhinas, como a lenhina kraft e os lignossulfonatos, têm sido estudadas como matéria-prima para substituição parcial ou substituição de fenóis (Mahendran et al., 2010; Dominguez et al., 2013). A lenhina e os seus derivados têm a melhor química para serem utilizados na produção de compósitos porque têm um tamanho de partícula pequeno, são hidrofóbicos e têm a capacidade de formar misturas estáveis (Park et al., 2008). Além disso, a lenhina e o fenol são estruturalmente semelhantes por possuírem mais grupos hidroxilo fenólicos, o que permite que a lenhina seja utilizada como substituto do fenol na síntese da resina PF. Convencionalmente, o lignosulfonato (lignina resultante do processo de polpação sulfito ou kraft) é o único tipo de lignina amplamente utilizado na produção de produtos à base de lignina, como dispersantes, emulsificantes, resinas e etc. (Tejado et al., 2007).

Foram publicados vários relatórios sobre a síntese de resina fenólica à base de lenhina a partir da lenhina de resíduos florestais e agrícolas (Tejado et al., 2007; Wang et al., 2009; Ma et al., 2011), e a modificação química ou estrutural da lenhina para aumentar a reatividade da lenhina para a síntese de resinas ecológicas (Ma et al., 2011; Da Silva et al., 2013). Recentemente, foi relatada a eficácia da lenhina como aglutinante, resina ou adesivos por modificação bioquímica e novos processos de extração como a hidrólise ácida e o processo organosolv (Stewart, 2008; Da Silva et al., 2013; Farag et al., 2015; Lee et al, 2015).

Tem sido referido que, na reação de síntese da resina fenol-formaldeído, o formaldeído actua nas posições orto e para dos fenóis, resultando numa rede tridimensional de reticulação, normalmente utilizada como adesivo. No entanto, as posições para e orto da lenhina estão sempre ocupadas por grupos alifáticos e metoxílicos volumosos, o que resulta numa menor reatividade da lenhina devido a impedimentos estéricos. Para ultrapassar este problema, alguns relatórios centram-se na modificação da lenhina através da remoção de grupos metoxilo que aumentam a reatividade da lenhina para o formaldeído (Hu et al., 2011; Duval e Lawoko, 2014).

A lignocelulose, longe de ser um resíduo, é um substrato importante para a síntese e produção de uma vasta gama de produtos de valor acrescentado e a sua utilização óptima pode ser assegurada por estudos sistemáticos sobre cada uma das aplicações possíveis. Isto ajudará a criar uma economia da lenhinocelulose baseada neste material renovável omnipresente.

Bibliografia

1. Aadil KR, Barapatre A, Meena AS, Jha H (2016). Deteção de peróxido de hidrogénio e citotoxicidade de nanopartículas de prata estabilizadas com lignina de Acácia. *Jornal Internacional de Macromoléculas Biológicas*. 82:39-47

2. Aadil KR, Barapatre A, Jha H (2016). Síntese e caraterização do filme de ligningelatina *de Acácia* para sua possível aplicação em embalagens de alimentos. *Bioresources and Bioprocessing*. DOI: 10.1186/s40643-016-0103-y

3. Aadil KR, Barapatre A, Sahu S, Jha H, Tiwary BN (2014). Atividade de eliminação de radicais livres e poder redutor da lignina da madeira de *Acacia nilotica*. *Jornal Internacional de Macromoléculas Biológicas,* 67: 220-227.

4. Abdul Khalil HPS, Bhat AH, Yusra AFI, (2012). Compósitos verdes a partir de nanofibrilas de celulose sustentáveis: A review. *Carbohydrate Polymers,* 87:963-979.

5. Abe I (1987). Adesivos para madeira a partir de polifenóis naturais. *Mokuzai Kyogo*, 42:151-156.

6. Abe K, Yano H (2009). Comparação das caraterísticas dos agregados de microfibrilas de celulose de madeira, palha de arroz e tubérculo de batata. *Cellulose,* 16:1017-1023.

7. Abe K, Yano H (2010). Comparação das caraterísticas de agregados de microfibrilas de celulose isolados de células de fibra e parênquima de bambu Moso (Phyllostachyspubescens). *Cellulose,* 17:271-277.

8. Adler E (1977). Química da lignina - passado, presente e futuro. *Wood Science Technology,* 11:169-218.

9. Alboofetileh M, Rezaei M, Hosseini H, Abdollahi M (2013). Efeito da argila montmorilonita e da concentração de biopolímero nas propriedades físicas e mecânicas dos filmes nanocompósitos de alginato. *Jornal de Engenharia Alimentar,* 117:26-33.

10. Alekhina M, Ershova O, Ebert A, Heikkinen S, Sixta H (2015). Lignina kraft de madeira macia para aplicações de valor agregado: Fracionamento e caraterização estrutural. *Industrial Crops and Products,* 66:220-228.

11. Alemdar A, Sain M (2008). Biocompósitos de nanofibras de palha de trigo: Morfologia, propriedades térmicas e mecânicas. *Ciência e Tecnologia de Compósitos,* 68:557-565.

12. Al-Hassan AA, Norziah MH (2012). Filmes comestíveis de amido-gelatina: permeabilidade ao vapor de água e propriedades afectadas pelos plastificantes. *Food Hydrocolloids,* 26:108117.

13. Amendola D, De Faveri DM, Egues I, Serrano L, Labidi J, Spigno G (2012). Processo de auto-hidrólise e organosolv para recuperação de hemiceluloses, compostos fenólicos e lignina de talos de uva. *Bioresource Technology,* 107:267-274.

14. Andresen M, Johansson LS, Tanem BS, Stenius P (2006). Propriedades e caraterização da celulose microfibrilada hidrofobizada. *Cellulose,* 13:665-677.
15. Arnao MB, Cano A, Acosta M (2001). The hydrophilic and lipophilic contribution to total antioxidant activity. *Química Alimentar*, 73:239-244.
16. Arora A, Padua GW (2010). Revisão: nanocompósito em embalagens de alimentos. *Journal of Food Science,* 75:43-49.
17. Asada C, Basnet S, Otsuka M, Sasaki C Nkamura Y (2015). Síntese de resina epóxi usando lignina de baixo peso molecular separada de vários materiais lignocelulósicos. *Jornal Internacional de Macromoléculas Biológicas*, 74:413-419.
18. Baker SF, Gallego CN, Baker AD (2010). Utilização de materiais de recursos sustentáveis para a produção de fibra de carbono. *Revista SAMPE*, 45:24-36.
19. Barapatre A, Aadil KR, Tiwary BN, Jha H (2015). Atividade antioxidante e antidiebética *in vitro* da lignina de madeira de *Acácia* bio modificada. *Jornal Internacional de Macromoléculas Biológicas*, 75:81-89.
20. Barapatre A, Sahu S, Aadil K, Jha H (2013). Produtos de valor acrescentado a partir de resíduos agrícolas. *Investigação recente em ciência e tecnologia*, 5:7-12.
21. Bedoya LM, Beltran M, Sancho R, Olmedo DA, Sanchez-Palomino S, Del Olmo E, Lopez-Perez JL, Munoz E, San Feliciano AS, Alcami J (2005). 4-Phynylcoumarins como inibidores da transcrição do HIV. *Bioorganic & Medicinal Chemistry Letters*, 15:44474450.
22. Ben H, Ragauskas AJ (2013). Comparação para as composições de óleos de pirólise rápida e lenta por caraterização NMR. *Bioresource Technology*, 147:577-584.
23. Benavides S, Villalobos-Carvajal R, Reyes JE (2012). Propriedades físicas, mecânicas e antibacterianas do filme de alginato: Efeito do grau de reticulação e da concentração de óleo essencial de orégãos. *Jornal de Engenharia Alimentar,* 110:232-239.
24. Benedikt R, Bamberger M (1890). Ubereine quantitative reaction des Lignins. *Monatsh Chemistry,* 11:260-267.
25. Benzie IFF, Strain JJ (1996). The ferric reducing ability of plasma (FRAP) as a measure of "Antioxidant Power": the FRAP assay. *Analytical Biochemistry,* 239:70-76.
26. Bhattacharya D, Germinario LT, Winter WT (2008). Isolamento, preparação e caraterização de microfibras de celulose obtidas a partir do bagaço. *Carbohydrate Polymers,* 73:371-377.
27. Bigi A, Panzavolta S, Rubini K (2004). Relação entre o conteúdo da tripla hélice e as propriedades mecânicas dos filmes de gelatina. *Biomaterials,* 25:5675-5680.
28. Boerjan W, Ralph J, Baucher M (2003). Lignin biosynthesis. *Revisão Anual de Biologia Vegetal,*

54:519-546.

29. Brandt A, Grasvik J, Hallett JP, Welton T (2013). Desconstrução de biomassa lignocelulósica com líquidos iónicos. *Química Verde*, 15:550-583.
30. Brand-Williams W, Cuvelier ME, Berset C (1995). Utilização de um método de radicais livres para avaliar a atividade antioxidante. *LWT-Ciência e Tecnologia Alimentar,* 28: 25-30.
31. Brunow G (2001). Métodos para revelar a estrutura da lignina. *Biopolímeros,* 1:89-116.
32. Brunow G, Lundquist K (2010). Grupos funcionais e padrões de ligação na lenhina (incluindo os complexos lenhina-carbohidratos). In: Heitner C, Dimmel DR, Schmidt JA, editores. Lignin and lignans: advances in chemistry. BocaRaton (FL): CRC Press; 267-99.
33. Brunow G. Methods to reveal the structure of lignin (2004). In: Hofrichter M, Steinbuchel A, editores. Lignin, humic substances and coal. Biopolímeros Online. 89-99.
34. Cai X, Gao X, Wang L, Wu Q, Lin X (2013). Um biossensor bienzimático montado camada a camada e baseado em nanotubos de carbono / nanopartículas de ouro para deteção de colesterol. *Sensores e Actuadores B,* 181:575-583.
35. Cao N, Fu Y, He J (2007). Mechanical properties of gelatin films cross-linked, respectively by ferulic acid and tannin acid. *Food Hydrocolloids,* 21:575-584.
36. Carvalho RA, Sobral PJA, Thomazine M, Habitante AMQB, Gimenez B, Gomez-Gullen MC, Montero P (2008). Desenvolvimento de filmes comestíveis à base de gelatina de pele de alabote do Atlântico (*Hippoglossus hippoglossus*) processada de forma diferente. *Food Hydrocolloids*, 22:1117-1123.
37. Cazacu G, Capraru M, Popa V (2013). Avanços na utilização de lignina em novos materiais. In: Thomas S, Visakh PM, Mathew AP, editores. Advances in Natural Polymers. vol.18, chapter 8 Berlin/Heidelberg: Springer-Verlag. 255-312.
38. Chakar FS, Ragauskas AJ (2004). Revisão da lenhina kraft de madeira macia atual e futura. Process chemistry. *Industrial Crops Products,* 20:131-41.
39. Chan EWC, Lye PY, Eng Sy, Tan YP (2013). Propriedades antioxidantes de ervas com efeitos de aprimoramento de tratamentos de secagem: A synopsis. *Radicais Livres e Antioxidantes*, 3:2-6.
40. Chen W, Yu H, Liu Y, Chen P, Zhang M, Hai Y (2011). Individualização de nanofibras de celulose de madeira usando ultrassom de alta intensidade combinada com pré-tratamentos químicos. *Polímeros de hidratos de carbono,* 83:1804-1811.
41. Chen YR, Sarkanen S (2003). Replicação macromolecular da lignina: uma hipótese de trabalho mecanicista. *Phytochemistry Reviews*, 2:235-255.

42. Cheng CL, Lo YC, Lee KS, Lee DJ, Lin CY, Chang JS (2011). Biohydrogen production from lignocellulosic feedstock (Produção de biohidrogénio a partir de matérias-primas lignocelulósicas). *Bioresource Technology,* 102:8514-8523.

43. Cheng JW, Kelly SM, Schaller J, Heinzec T (2013). Síntese e efeitos antibacterianos de soluções coloidais aquosas de nanopartículas de prata usando amino celulose como um reagente redutor e de cobertura combinado. *Química Verde,* 15:989-998.

44. Cho JW, Paul DR (2001). Nano-compósitos de nylon-6 por composição por fusão. *Polymer,* 42:1083-1094.

45. Chong CH, Law CL, Figiel A, Wojdylo A, Oziemblowski M (2013). Cor, conteúdo fenólico e capacidade antioxidante de alguns frutos desidratados por uma combinação de diferentes métodos. *Food Chemistry*, 141:3889-3896.

46. Christiernin M (2006). Lignin composition in cambial tissues of poplar (Composição de lignina em tecidos cambiais de álamo). *Fisiologia e Bioquímica Vegetal*, 44:700-706.

47. Cranston ED, Gray DG (2006). Caracterização morfológica e ótica de multicamadas de polielectrólitos que incorporam celulose nanocristalina. *Biomacromolecules,* 7:2522-2530.

48. Da Silva CG, Grelier S, Pichavant F, Frollini E, Castellan A (2013). Agregação de valor às ligninas isoladas do bagaço de cana-de-açúcar e *Miscanthus*. *Culturas e produtos industriais,* 42: 87-95.

49. Da Silva MA, Bierhalz ACK, Kieckbusch TG (2009). Filmes compósitos de alginato e pectina reticulados com iões Ca^{2+}: Efeito da concentração do plastificante. *Carbohydrate Polymers,* 77:736-742.

50. Deepa B, Abraham E, Cherian BM, Bismarck A., Blaker JJ, Pothan LA, Leao AL, Souza SF, Kottaisamy M (2011). Estrutura, morfologia e caraterísticas térmicas de nano fibras de banana obtidas por explosão a vapor. *Bioresource Technology*, 102:19881997.

51. Derkus B, Emregul E, Emregul KC, Yucesan C (2014). Nano compósito de alginato e dióxido de alginato-titânio como materiais de elétrodo para deteção imunológica da proteína básica anti-mielina. *Sensores e Actuadores B*, 192:294-302.

52. Dizhbite T, Telysheva G, Jurkjane V, Viesturs U (2004). Characterization of the radical scavenging activity of lignins-natural antioxidants. *Bioresource Technology,* 95:309317.

53. Doherty WOS, Mousavioun P, Fellows CM (2011). Valor acrescentado ao etanol celulósico: Lignin polymers. *Industrial Crops and Products*, 33:259-276.

54. Dominguez JC, Oliet M, Alonso MV, Rojo E, Rodriguez F (2013). Comportamento estrutural, térmico e reológico de uma resina fenólica de base biológica em relação a uma resina de

resolução comercial. *Culturas e Produtos Industriais,* 42: 308-314.

55. Dorrestijn E, Laarhoven LJJ, Arends IWCE, Mulder P (2000). The occurrence and reactivity of phenoxyl linkages in lignin and low rank coal. *Journal of Analytical and Applied Pyrolysis,* 54:153-92.
56. Dufresne A, Dupeyre D, Vignon MR (2000). Cellulose microfibrils from potato tuber cells: Processamento e caraterização de compósitos de microfibrilas de amido-celulose. *Journal of Applied Polymer Science,* 76:2080-2092.
57. Dufresne A, Vignon MR (1998). Improvement of starch film performances using cellulose microfibrils. *Macromolecules,* 31:2693-2696.
58. Duval A, Lawoko M (2014). Uma revisão sobre materiais poliméricos, micro e nanoestruturados à base de lignina. *Reactive & Functional Polymers,* 85:78-96.
59. Eckert RC, Abdullah Z (2010). Fibras de carbono a partir de lignina de madeira macia kraft. US7678358 B2.
60. Eichhorn S, Dufresne A, Aranguren M, Marcovich N, Capadona J, Rowan S, Weder C, Thielemans W, Roman M, Renneckar S, Gindl W, Veigel S (2010). Revisão: investigação internacional atual sobre nanofibras e nanocompósitos de celulose. *Jornal de Ciência dos Materiais,* 45:1-33.
61. Eichhorn SJ (2011). Cellulose nanowhiskers: promising materials for advanced applications. *Soft Matter*, 7:303-315. |
62. Ek M, Gellerstedt G, Henriksson G (2009). "Lignina", In: Química e Tecnologia da Pasta e do Papel, vol.1. Química e Biotecnologia da Madeira, Henriksson, G. (ed.), Walter de Gruyter GmbH & Co. KG, 121-124.
63. El Mansouri NE, Yuan Q, Huang F (2011). Síntese e caraterização de resinas epoxídicas à base de lignina kraft. *BioResources,* 6:2492-2503.
64. El-Saied H, Basta AH, Gobran RH (2004). Progresso da investigação em tecnologia amiga do ambiente para a produção de produtos de celulose (celulose bacteriana e sua aplicação). *Polymer-Plastics Technology,* 43:797-820.
65. Endo T, Yanagida Y, Hatsuzawa T (2008). Quantitative determination of hydrogen peroxide using polymer coated Ag nanoparticles. *Measurement* 41:1045-1053.
66. Farag S, Chaouki J (2015). Avaliação económica da pirólise no local de lenhina kraft para produtos químicos de valor acrescentado. *Bioresource Technology,* 175:254-261.
67. Fardet A, Rock E, Remesy C (2008). Is the in vitro antioxidant potential of whole-grain cereals and cereals products well reflected *in vivo*? *Jornal da Ciência dos Cereais,* 48:258276.

68. Faruk O, Bledzki AK, Fink HS, Sain M (2012). Biocompósitos reforçados com fibras naturais: 2000-2010. *Progresso na Ciência dos Polímeros*, 37:1552-1596.

69. Fernandes EM, Pires RA, Mano JF, Reis RL (2013). Bionanocompósitos a partir de recursos lignocelulósicos: Propriedades, aplicações e tendências futuras para a sua utilização no domínio biomédico. *Progress in Polymer Science*, 38:1415-1441.

70. Fierro V, Fernandez V, Celzard A (2006). Lignina Kraft como precursor de carvões activados microporosos preparados por impregnação com ácido ortofosfórico: Síntese e caraterização textural. *Microporous and Mesoporous Materials,* 92:243-250.

71. Freudenberg K (1959). Biosynthesis and constitution of lignin. *Nature,* 183:1152-1155.

72. Freudenberg K (1965). Lignin: its constitution and formation from p-hydroxycinnamyl alcohols. *Ciência,* 48:595-600.

73. Garcia A, Toledano A, Andres MA, Labidi J (2010). Estudo da capacidade antioxidante das ligninas *de Miscanthus sinensis*. *Process Biochemistry,* 45:935-940.

74. Ghaffar SH, Fan M (2013). Análise estrutural das caraterísticas da lenhina na palha de biomassa. *Biomass Bioenergy,* 57:264-279.

75. Glasser WG, Barnett CA, Muller PC, Sarkanen KV (1983). A química de várias novas ligninas de bioconversão. *Journal of Agriculture and Food Chemistry*, 31:921-930.

76. Glasser WG. Classificação da lignina de acordo com a estrutura química e molecular. In: Glasser WG, Northey RA, Schultz TP, (1999). Editores. Lignin: historical, biological, and materials perspectives. ACS Symp Ser, 742. Washington, DC: American Chemical Society, 216-238.

77. Gordobil O, Egues I, Llano-Ponte R, Labidi J (2014). Propriedades físico-químicas de misturas de lignina PLA lignina PLA. *Polymer Degradation and stability,* 108:330-338.

78. Gousse C, Chanzy H, Cerrada ML, Fleury E (2004). Sililação de superfície de microfibrilas de celulose: Preparação e propriedades reológicas. *Polymer,* 45:1569-1575.

79. Grunert M, Winter WT (2002). Nanocompósitos de butirato de acetato de celulose reforçados com nanocristais de celulose. *Journal of Polymers and the Environment*, 10: 27-30.

80. Guerra A, Filpponen I, Lucia AL, Argyropoulos DS (2006). Avaliação comparativa de três protocolos de isolamento de lignina para várias madeiras. *Journal of Agriculture and Food Chemistry*, 54:9696-9705.

81. Heitner C, Dimmel DR, Schmidt JA (2010). Lignin and Lignans: Advances in Chemistry. *CRC Press, Taylor & Francis Group*. 110-130.

82. Henriksson M, Henriksson G, Berglund LA, Lindstrom T (2007). Um método amigo do ambiente para a preparação assistida por enzimas de nanofibras de celulose microfibrilada

(MFC). *European Polymer Journal,* 43:3434-3441.

83. Herrick FWC, Hamilton RL, Sandberg JKKR (1982). Microfibrillated cellulose: Morphology and accessibility. *Journal of Applied Polymer Science,* 37:797-813.
84. Holtman KM, Chang HM, Kadla JF (2004). Solution-state nuclear magnetic resonance study of the similarities between milled wood lignin and cellulolytic enzyme lignin. *Journal of Agriculture and Food Chemistry,* 52:720-726.
85. Hu S, Hsieh YL (2013). Fibras de carbono ativado ultrafinas microporosas e mesoporosas a partir de lenhina alcalina. *Journal of Material Chemistry A*, 1:11279-11288.
86. Hu TQ (2002). Chemical modification, properties, and usage of lignin (Modificação química, propriedades e utilização da lignina). NewYork: Kluwer Academic/Plenum Publisher: 291.
87. Hu TQ (2008). Characterization of lignocellulosic materials (Caracterização de materiais lignocelulósicos). Oxford: Wiley-Blackwell, 392.
88. Huq T, Salmieri S, Khan A, Tien CL, Riedl B, Fraschini C, Bouchard J, Uribe-Calderon J, Kamal MR, Lacroix M (2012). Filme nano-composto biodegradável à base de alginato e celulose nanocristalina (NCC). *Carbohydrate Polymers,* 90:1757-1763.
89. Ifuku S, Nogi M, Abe K, Handa K, Nakatsubo F, Yano H (2007). Surface modification of bacterial cellulose nanofibers for property enhancement of optically transparent composites: Dependência do grupo acetil DS. *Biomacromolecules,* 8:1973-1978.
90. Iravani S (2011). Síntese verde de nanopartículas metálicas utilizando plantas. *Green Chemistry* 13: 2638-2650.
91. Jacobson MJ, Delucchi MA (2009). A path to sustainable energy by 2030. *Scientific American,* 301:58-65.
92. John MJ, Anandjiwala RD (2008). Desenvolvimentos recentes na modificação química e caraterização de compósitos reforçados com fibras naturais. *Polymer Composites*, 29:187207.
93. Jongjareonrak A, Benjakul S, Visessanguan W, Prodpran T, Tanaka M (2006). Characterization of edible films from skin gelatin of brown stripe red snapper and big eye snapper. *Food Hydrocolloids,* 20:492-501.
94. Jonoobi M, Harun J, Mathew AP, Hussein MZB, Oksman K (2010). Preparação de nanofibras de celulose com caraterísticas de superfície hidrofóbicas. *Cellulose*, 17:299-307.
95. Kadla JF, Kubo S (2004). Lignin-based polymer blends: analysis of intermolecular interactions in lignin synthetic polymer blends. *Composites Part A,* 35: 395-400.
96. Kadla JF, Kubo S, Venditti RA, Gilbert R, Compere AL, Griffith W (2002). Ligninbased carbon fibers for composite fiber applications. *Carbon,* 40:2913-2920.

97. Kalia S, Dufresne A, Cherian BM, Kaith BS, Avërous L, Njuguna J, Nassiopoulos E (2011). Bio- e nanocompósitos à base de celulose: uma revisão. *Jornal Internacional de Ciência dos Polímeros,* 1-35.

98. Kamel S (2007). Nanotecnologia e suas aplicações em compósitos lignocelulósicos, uma mini revisão. *Express Polymer Letters,* 1:546-575.

99. Kanmani P, Lim ST (2013). Síntese e caraterização de prata mediada por pullulan nanopartículas e suas atividades antimicrobianas. *Carbohydrate Polymers,* 97:421-428.

100. Karaaslan MA, Tshabalala MA, Yelle DJ, Buschle-Diller G (2011). Hidrogéis biocompatíveis nanoreforçados a partir de hemicelulose de madeira e bigodes de celulose. *Carbohydrate Polymers*, 86:192-201.

101. Kargarzadeh H, Sheltami RM, Ahmad I, Abdullah I, Dufresne A (2015). Nanocristais de celulose: um agente de endurecimento promissor para nanocompósitos de poliéster insaturado. *Polímero*, 56:346-357.

102. Kaushik A, Singh M, (2011). Isolamento e caraterização de nanofibrilas de celulose da palha de trigo usando explosão a vapor acoplada a homogeneização de alto cisalhamento. *Carbohydrate Research,* 346:76-85.

103. Kim DH, Kim BH, Yang KS, Bang YH, Kim SR, Im HK (2011). Análise da microestrutura e do comportamento de oxidação de algumas fibras de carbono comerciais. *Jornal da Sociedade Coreana de Química,* 55:819-823.

104. Kiziltas A, Gardner DJ, Han Y, Yang HS (2010). Thermal properties of microcrystalline cellulose-filled PET-PTT blend polymer composites. *Jornal de Análise Térmica e Calorimetria,* 103:163-170.

105. Klassen NV, Marchington D, McGowant HCE (1994). Determinação de H2O2 pelo método I3 - e por titulação com KMnO4. *Analytical Chemistry,* 66:2921-2925.

106. Klemm D, Kramer F, Moritz S, Lindstrom T, Ankerfors M, Gray D, Dorris A (2011). Nanocelluloses: Uma nova família de materiais baseados na natureza. *Angewandte Chemie International Edition*, 50:5438-5466.

107. Klemm D, Schumann D, Kramer F, Hessler N, Koth D, Sultanova B (2009). Nanocellulose materials-different cellulose, different functionality. *Pesquisa Macromolecular,* 280:60-71.

108. Koisikova B, Slamenova D, Mikulaisova M, Horvathova E, Labaj J (2002). Reduction of carcinogenesis by bio-based lignin derivatives. *Biomass Bioenergy,* 23:153-159.

109. Konwarh R, Karak N, Misra M (2013). Nanofibras de acetato de celulose electrospun: O estado atual e a gama de aplicações biotecnológicas. *Biotechnology Advances*, 31:421-437.

110. Koronis G, Silva A, Fontul M (2013). Compósitos verdes: Uma revisão de materiais adequados para aplicações automotivas. *Composites*: *PartB,* 44:120-127.

111. Kouisni L, Fang Y, Paleologou M, Ahvazi B, Hawari J, Zhang Y, Wang XM (2011). Recuperação de lenhina Kraft e sua utilização na preparação de resinas de fenol formaldeído à base de lenhina para contraplacado. *Química e Tecnologia da Celulose,* 45:515-520.

112. Kubo S, Kadla JF (2005). Kraft lignin/poly(ethylene oxide) blends: effect of lignin structure on miscibility and hydrogen bonding. *Journal of Applied Polymer Science,* 98:1437-1444.

113. Kubo S, Kadla JF (2005). Lignin-based carbon fibers: effect of synthetic polymer blending on fiber properties. *Journal of Polymers and Environment*, 13:97-105.

114. Kubo S, Uraki Y, Sano Y (1998). Preparation of Carbon-fiber from softwood lignin from atmospheric acetic-acid pulping. *Carbon,* 36: 1119-1124.

115. Kurowska E, Brzozka A, Jarosz M, Sulka GD, Jaskula M (2013). Sensor de matriz de nanofios de prata para deteção sensível e rápida de H2O2. *Electrochimica Ata,* 104:439-447.

116. Labaj J, Slamenova D, Lazarova M, Kosikova M (2004). Lignin-stimulated reduction of oxidative DNA lesions in testicular cells and lymphocytes of Sprague-Dawley rats *in vitro* and *ex vivo*. *Nutrition and Cancer-an International Journal,* 50:198-205.

117. Lapierre C (2010). Determinação da estrutura da lenhina através de degradações químicas. In: Heitner C, Dimmel DR, Schmidt JA, editores. Lignin and lignans: advances in chemistry. Boca Raton (FL): CRC Press, 11-48.

118. Laurichesse S, Averous L (2013). Chemical modifications of lignins: Towards biobased polymers. *Progress in Polymer Science*, 39:1266-1290.

119. Lee SJ, Kim HJ, Cho EJ, Song Y, Bae HJ (2015). Isolamento e caraterização da lignina do resíduo da produção de bioetanol de madeira de carvalho para adesivos. *International Journal of Biological Macromolecules,* 72:1056-1062.

120. Li Y, Ragauskas AJ (2012). Espuma rígida de poliuretano à base de lignina Kraft. *Journal of Tecnologia Química da Madeira*, 32:210-224.

121. Li X, Pan X (2010). Hidrogéis à base de hemicelulose e lignina da biorrefinaria de lignocelulose: uma mini-revisão. *Journal of Biobased Materials and Bioenergy*, 4:289-297.

122. Lin SY, Dence CW (1992). Methods in lignin chemistry. Berlin: Springer-Verlag; 1992: 578.

123. Lindberg JJ, Tuula A, Levon K (1989). Specialty polymers fromlignin. In: Glasser WG, Simo Sarkanen S, editores. Lignin: proper-ties and materials. ACS Symp Ser, 397. Washington, DC: *Sociedade Americana de Química*, 190-204.

124. Liu S, Tian JQ, Wang L, Sun XP (2011). Um método para a produção de óxido de grafeno

reduzido utilizando benzilamina como agente redutor e estabilizador e a sua subsequente decoração com nanopartículas de Ag para deteção de peróxido de hidrogénio sem enzimas. *Carbono,* 49:3158-3164.

125. Lora J (2008). In: M.N. Belgacem, A. Gandini (Eds.). Monómeros Compósitos de Polímeros Renováveis. Resource, Elsevier, Amesterdão, 225-241.

126. Lu CP, Lin CT, Chang CM, Wu SH, Lo LC, (2011). Ácidos nitrofenilborónicos como sondas altamente quimio-selectivas para detetar peróxido de hidrogénio em alimentos e produtos agrícolas. *Journal of Agriculture and Food Chemistry,* 59:11403-11406.

127. Lu J, Askeland P, Drzal LT (2008). Modificação da superfície de celulose microfibrilada para aplicações em compósitos de epóxi. *Polymer,* 49:1285-1296.

128. Lu Q, Zhu M, Zu Y, Liu W, Yang L, Zhang L, Zhao X, Zhang X, Zhang X, Li W (2012). Atividade antioxidante comparativa da lenhina em nanoescala preparada por um processo anti-solvente supercrítico (SAS) com lenhina em não-nanoescala. *Química Alimentar*, 135:63-67.

129. Ludwig CH, Nist BJ, McCarthy J (1964). Lignin. XII. A espetroscopia de ressonância magnética nuclear de alta resolução de protões em compostos relacionados com a lenhina. *Journal of American Chemical Society,* 86:1186-1196.

130. Lupoi JS, Singh S, Parthasarathi R, Simmons BA, Henry RJ (2015). Inovações recentes em métodos analíticos para a avaliação qualitativa e quantitativa da lignina. *Renewable and Sustainable Energy Reviews,* 49:871-906.

131. Ma Y, Zhao X, Chen X, Wang Z (2011). Uma abordagem para melhorar a aplicação de lignina insolúvel em ácido da casca de arroz em resina fenol-formaldeído. *Colloids and Surfaces A: Physicochemical and Engineering Aspects,* 377: 284-289.

132. Mahendran AR, Wuzella G, Kandelbauer A (2010). Thermal characterization of Kraft lignin phenol-formaldehyde resin for paper impregnation. *Jornal de Ciência e Tecnologia da Adesão,* 24:1553-1565.

133. Matos RC, Coelho EO, De Souza CF, Guedes FA, Matos MA (2006). Peroxidase imobilizada em resina Amberlite IRA-743 para deteção espectrofotométrica on-line de peróxido de hidrogénio em água da chuva. *Talanta,* 69:1208-1214.

134. Maunu SL (2008).^{13}C CPMAS NMR studies of wood, cellulose fibers, and derivatives. Characterization of Lignocellulosic Materials, capítulo 3, 227-248.

135. McCarthy JL, Islam A (1999). Lignin chemistry, technology, and utilization: a brief history (Química, tecnologia e utilização da lignina: uma breve história). In: Glasser WG, Northey RA, Schultz TP, editores. Lignin: historical, biological, and materials perspectives. ACS SympSer,

742. Washington, DC: *Sociedade Americana de Química*, 2-66.

136. Menon V, Rao M (2012). Trends in bioconversion of lignocellulose: Biofuels, platform chemicals & biorefinery concept. *Progress in Energy and Combustion Science,* 38: 522-550.

137. Milczarek G, Rebis T, Fabianska J (2013). Síntese de uma etapa de nanopartilhos de prata estabilizados com lignossulfonato. *Colloids and surfaces B: Biointerfaces,* 105:335-341.

138. Mohanty S, Mishra S, Jena P, Jacob B, Sarkar B, Sonawane A (2012). Uma investigação sobre a eficácia antibacteriana, citotóxica e anti-biofilme de nanopartículas de prata estabilizadas com amido. Nanomedicina: Nanotecnologia. *Biologia e Medicina,* 8: 916-924.

139. Moran JI, Alvarez VA, Cyras VP, Vazquez A (2008). Extração de celulose e preparação de nanocelulose a partir de fibras de sisal. *Cellulose*, 15:149-159.

140. Moulton MC, Braydich-Stolle LK, Nadagouda MN, Kunzelman S, Hussain SM, Varma RS (2010). Síntese, caraterização e biocompatibilidade de nanopartículas de prata sintetizadas em verde usando polifenóis de chá. *Nanoscale,* 2:763-770.

141. Mu C, Gua J, Li X, Lin W, Li D (2012). Preparação e propriedades de filmes comestíveis de gelatina reticulada de dialdeído carboximetilcelulose. *Food Hydrocolloids,* 27: 22-29.

142. Nadji H, Bruzzese C, Belgacem MN, Benaboura A, Gandini A (2005). Oxypropylation of lignins and preparation of rigid polyurethane foams from the ensuing polyols. *Macromolecules Material Engineering,* 290:1009-1016.

143. Nagy M, Kosa M, Theliander H, Ragauskas AJ, (2010). Caracterização da lignina Kraft precipitada com CO_2 para promover a sua utilização. *Química Verde*, 12:31-34.

144. Naik RR, Stringer SJ, Agarwal G, Jones SE, Stone MO (2002). Biomimetic synthesis and patterning of silver nanoparticles (Síntese biomimética e modelação de nanopartículas de prata). *Nature Materials,* 1:169-172.

145. Nevarez LM, Casarrubias LB, Canto OS, Celzard A, Fierro V, Gomez RI, Sanchez GG (2011). Nanocompósitos à base de biopolímeros: Membranas de lignina propionada e celulose para purificação de água. *Polímeros de hidratos de carbono,* 86:732-741.

146. Niethammer P, Grabher C, Look AT, Mitchison TJ (2009). A tissue-scale gradient of hydrogen peroxide mediates rapid wound detection in zebrafish. *Nature,* 459:996-999.

147. Nimz H (1983). Adesivos à base de lignina. In: Pizzi A (ed) Wood Adhesives: Chemistry and Technology, 1, Marcel Dekker Inc., Nova Iorque. Nova Iorque.

148. Nogi M, Abe K, Handa K, Nakatsubo F, Ifuku S, Yano H (2006). Melhoria das propriedades de compósitos de bionanofibras opticamente transparentes por acetilação. *Applied Physics Letters,* 89:1-3.

149. Nogi M, Iwamoto S, Nakagaito AN, Yano H (2009). Optically transparent nanofiber paper. *Advanced Materials*, 21:1595-1598.

150. Norajit K, Kim KM, Ryu GH (2010). Estudos comparativos sobre a caraterização e as propriedades antioxidantes de filmes de alginato biodegradáveis contendo extrato de ginseng. *Jornal de Engenharia Alimentar,* 98: 377-384.

151. Nunez-Flores R, Gimenez B, Fernandez-Martin F, Lopez-Caballero ME, Montero MP, Gomez-Guillen MC (2013). Caracterização física e funcional de filmes ativos de gelatina de peixe incorporados com lignina. *Food Hydrocolloids,* 30:163-172.

152. Nunez-Flores R, Gimënez B, Fernandez-Martin F, Lopez-Caballero ME, Montero MP, Gomez-Guil¼n MC (2012). Papel do lignosulfonato nas propriedades dos filmes de gelatina de peixe. *Food Hydrocolloid,* 27: 60-71.

153. Oksman K, Mathew AP, Bondeson D, Kvien I (2006). Processo de fabrico de whiskers de celulose/nanocompósitos de ácido poliláctico. *Composite Science and Technology,* 66: 2776-2784.

154. Pandey JK, Kumar AP, Misra M, Mohanty AK, Drzal LT, Singh RP (2005). Recent advances in biodegradable nanocomposites. *Journal for Nanoscience and Nanotechnology,* 5:497-526.

155. Park Y, Doherty W.O.S., Halley PJ (2008). Developing lignin-based resin coatings and composites (Desenvolvimento de revestimentos e compósitos de resina à base de lignina). *Industrial crops and products,* 27:163-167.

156. Patil RD, Mark JE, Apostolov A, Vassileva E, Fakirov S (2000). Crystallization of water in some cross-linked gelatins (Cristalização da água em algumas gelatinas reticuladas). *European Polymer Journal,* 36:1055-1061.

157. Perez-Cantu L, Schreiber A, Schutt F, Saake B, Kirsch C, Smirnova I (2013). Comparação de métodos de pré-tratamento da palha de centeio na biorrefinaria de segunda geração: Efeito na recuperação de celulose, hemicelulose e lignina. *Bioresource Technology,* 142:428-435.

158. Petersen N, Gatenholm P (2011). Bacterial cellulose-based materials and medical devices: current state and perspectives. *Microbiologia Aplicada e Biotecnologia,* 91:1277-1286.

159. Pinkernell U, Effkemann S, Karst U (1997). Simultaneous HPLC determination of peroxyacetic acid and hydrogen peroxide. *Analytical Chemistry,* 69:3623-3627.

160. Plackett D, Vazquez A (2004). Natural polymer sources. Em Caroline Baillie (Ed.), Green composites polymer composites and the environment. Cambridge, Inglaterra: Woodhead Publishing Ltd/CRC Press LLC. 123-153.

161. Pouteau C, Dole P, Cathala B, Averous L, Boquillon N (2003). Antioxidant properties of lignin

in polypropylene (Propriedades antioxidantes da lignina no polipropileno). *Polymer Degradation and Stability*, 81:9-18.

162. Pu Y, Cao S, Ragauskas AJ (2011). Application of quantitative ^{31}P NMR in biomass lignin and biofuel precursors characterization. *Energy and Environmental Science*, 4: 3154-3166.
163. Qin W, Kadla JF (2011). Fibras de carbono baseadas em lignina pirolítica. *Journal of Applied Polymer Science*, 126:203-212.
164. Rajendran K, Selvaraj MR, Arunachalam P, Venkatesan GK, Subhendu C (2012). Resíduos agrícolas Extrato de casca de *Annona squamosa*: biossíntese de nanopartículas de prata. *Spectrochimica Ata Parte A: Espectroscopia Molecular e Biomolecular*, 90:173-176.
165. Ralph J, Lundquist K, Brunow G, Lu F, Kim H, Schatz PF, Marita JM, Hatfield RD, Ralph SA, Christensen JH, Boerjan W (2004). Ligninas: polímeros naturais do acoplamento oxidativo de 4-hidroxifenil-propanóides. *Photochemistry Reviews,* 3:29-60.
166. Reale S, diTullio A, Spreti N, deAngelis F (2004). Espectrometria de massa na investigação biossintética e estrutural de ligninas. *Mass Spectrometry Reviews,* 23: 87-126.
167. Rhim JW, Park HM, Ha CS (2013). Bio-nanocompósitos para aplicações em embalagens de alimentos. *Progresso em Ciência dos Polímeros,* 38:1629-1652.
168. Rojas MR, Leung C, Whitley D, Zhu Y, Arnold RG, Saez AE (2011). Oxidação avançada de vestígios orgânicos em água por fotólise solar de peróxido de hidrogénio. *Industrial & Engineering Chemistry Research,* 50:12479-12487.
169. Ruiz-Rosas R, Bedia J, Lallave M, Loscertales I.G, Barrero A, Rodriguez-Mirasol J, Cordero T (2010). A produção de fibras de carbono de diâmetro submicrónico por electrospinning de lenhina. *Carbono*, 48:696-705.
170. Sadeghifar H, Cui C, Argyropoulos DS (2012). Toward thermoplastic lignin polymers, part I: selective masking of phenolic hydroxyl groups in kraft lignins via methylation & oxypropylation chemistries. *Investigação em Química Industrial e de Engenharia,* 51:16713-16720.
171. Sahoo S, Seydibeyogl MO, Mohanty AK, Misra, M, (2011). Characterization of industrial lignins for their utilizations in future value added applications [Caracterização de ligninas industriais para sua utilização em futuras aplicações de valor agregado]. *Biomassa e Bioenergia,* 35:4230-4237.
172. Saito T, Brown RH, Hunt MA, Pickel DL, Pickel JM, Messman JM, Baker FS, Keller M, Naskar AK (2012). Transformando recursos renováveis em polímero de valor agregado: desenvolvimento de termoplástico à base de lignina. *Química Verde,* 14: 3295-3302.

173. Saito T, Nishiyama Y, Putaux JL, Vignon M, Isogai A (2006). Suspensões homogéneas de microfibrilhas individualizadas a partir da oxidação catalisada por TEMPO de celulose nativa. *Biomacromolecules,* 7:1687-1691.

174. Samir AMAS, Alloin F, Dufresne A (2005). Revisão da investigação recente sobre whiskers celulósicos, as suas propriedades e a sua aplicação no domínio dos nanocompósitos. *Biomacromolecules,* 6:612-626.

175. Sannino A, Demitri C, Madaghiele M (2009). Hidrogéis biodegradáveis à base de celulose: conceção e aplicações. *Materials,* 2:353-373.

176. Sarkar S, Adhikari B (2001). Synthesis and characterization of lignin-HTPB copolyurethane. *European Polymer Journal,* 37:1391-1401.

177. Satishkumar M, Sneha K, Won SW, Cho CW, Kim S, Yun YS (2009). Extrato de casca de *canela zeylanicum* e síntese verde mediada por pó de partículas de prata nano-cristalinas e sua atividade antibacteriana. *Colloids and Surfaces B,* 73:332-338.

178. Scott G (2000). Green' polymer. *Polymer Degradation and Stability,* 68:1-7.

179. Shen L, Haufe J, Patel MK. Product overview and market projection of emerging biobased plastics (PRO-BIP 2009). Encomendado pela Rede Europeia de Excelência em Polissacáridos (EPNOE) e pela European Bioplastics. Grupo Ciência, Tecnologia e Sociedade (STS), Instituto Copernicus para o Desenvolvimento Sustentável e Inovação, Universidade de Utrech, Países Baixos, junho de 2009. Relatório n.º: NSW-E- 2009-32.

180. Shibata M, Tetramoto N, Imada A, Neda M, Sugimoto S (2013). Resinas bismaleimidas termoendurecíveis de base biológica usando eugenol, bieugenol e eugenol novolac. *Reactive & Functional Polymers,* 73:1086-1095.

181. Shweta K, Jha H (2015). Biocompósitos de lignina-TEOS extraídos de casca de arroz: Efeitos da acetilação e tratamentos de superfície de silano para aplicação na remoção de níquel. *Biotechnology Reports,* 7: 95-106.

182. Sims R, Michael T, Jack S, Warren M (2008). From 1st- to 2nd-generation biofuel technologies: An overview of current industry and R & D activities. *Agência Internacional da Energia e Organização para a Cooperação e o Desenvolvimento Económico,* 35-37.

183. Sinha RS, Okamoto M (2003). Polymer/layered silicate nanocomposites: a review from preparation to processing. *Progress in Polymer Science,* 28:1539-641.

184. Siro I, Plackett D (2010). Celulose microfibrilada e novos materiais nanocompósitos: uma revisão. *Cellulose,* 17:459-94.

185. Sirvio JA, Kolehmainen A, Liimatainen H, Niinimaki J, Hormi OEO (2014). Filmes

biocompostos de celulose-alginato: Materiais de embalagem promissores. *Food Chemistry,* 151:343-35.

186. Sjoholm E, Gellerstedt G, Drougge R, Norberg I (2013). Método para estabilizar a fibra de lignina para posterior conversão em fibra de carbono. WO 2013112100 A1.
187. Sjostrom, E. (1993). Química da madeira: Fundamentals and applications (2.ª ed.). San Diego, CA: Academic Press, Inc. 293
188. Slamenova D, Horvathova E, Kosikova B, Ruzekova L, Labaj J (1999). Deteção da redução de quebras de cadeia de ADN estimuladas por biopolímeros de lenhina e vitamina E em células de mamíferos tratadas com H2O2 e MNNG através do ensaio cometa. *Nutrition and Cancer,* 33: 88-94.
189. Sobral PJA, Menegalli FC, Hubinger MD, Roques MA (2001). Barreira mecânica ao vapor de água e propriedades térmicas de filmes comestíveis à base de gelatina. *Food Hydrocolloids,* 15:423-432.
190. Song JH, Murphy RJ, Narayan R, Davies GBH (2009). Alternativas biodegradáveis e compostáveis aos plásticos convencionais. *Philosophical Transactions of the Royal Society B,* 364:2127-2139.
191. Sorrentino A, Gorrasi G, Vittoria V (2007). Perspectivas potenciais do bionanocompósito para aplicações em embalagens de alimentos. *Tendências em Ciência e Tecnologia Alimentar,* 18:84-95.
192. Sroka Z, Cisowski W (2003). Actividades de eliminação de peróxido de hidrogénio, antioxidante e antirradicalar de alguns ácidos fenólicos. *Food and Chemical Toxicology,* 41: 753-758.
193. Stewart D (2008). Lignin as a base material for materials applications: Chemistry, application and economics. *Industrial Crops and Products,* 27:202-207.
194. Strassberger Z, Tanase S, Rothenberg G (2014). Os prós e contras da valorização da lignina em uma biorrefinaria integrada. *RSC Advances*, 4:25310-25318.
195. Sudo K, Shimizu K, (1994). Método de fabrico de lenhina para fiação de fibras de carbono. US5344921.
196. Sudo K, Shimizu KJ (1992). A new carbon-fiber from lignin. *Journal of Applied Polymer Science,* 44:127-134.
197. Sudo K, Shimizu K, Nakashima N, Yokoyama AJ (1993). Um novo método de modificação da lignina explodida a partir da preparação de um precursor de fibra de carbono. *Journal of Applied Polymer Science,* 48:1485-1491.

198. Sun G, Sun H, Liu Y, Zhao B, Zhu N, Hu K (2007). Estudo comparativo sobre a cinética e o mecanismo de cura de um sistema de resina epóxi/anidrido à base de lignina. *Polymer,* 48:330-337.

199. Sun SN, Cao XF, Xu F, Sun RC, Jones GL, Baird M (2014). Estrutura e propriedade térmica de hemiceluloses alcalinas do Phyllostachys pubescens explodido a vapor. *Carbohydrate Polymers,* 101:1191-1197.

200. Tagad CK, Dugasani SR, Aiyer R, Park S, Kulkarni A, Sabharwal S (2013). Síntese verde de nanopartículas de prata e sua aplicação para o desenvolvimento de sensor de peróxido de hidrogénio baseado em fibra ótica. *Sensores e Actuadores B,* 183:144-149.

201. Tahirovic A, Copra A, Omanovic-Miklicanin E, Kalcher K (2007). Um sensor de quimiluminescência para a determinação do peróxido de hidrogénio. *Talanta,* 72:1378-1385.

202. Tanahashi M, Takada S, Aoki T, Goto T, Higuchi T, Hanai S (1982). Caracterização da madeira de explosão I. Estrutura e propriedades físicas. *Wood Research,* 69:36-51.

203. Tanai T, Sakuragawa A, Okutani T (1999). Determinação fluorométrica do peróxido de hidrogénio em amostras de água natural por análise por injeção em fluxo com uma coluna de reação de peroxidase imobilizada em esferas de quitosano. *Analytical Science,* 15:1077-1082.

204. Teixeira E de M, Correa AC, Manzoli A, Leite F de L, Oliveira CR de, Mattoso LHC (2010). Nanofibras de celulose a partir de fibras de algodão brancas e naturalmente coloridas. *Celulose,* 17:595-606.

205. Tejado A, Pena C, Labidi J, Echeverria JM e Mondragon I (2007). Caracterização físico-química de lenhinas de diferentes fontes para utilização na síntese de resinas de fenol-formaldeído. *Bioresource Technology,* 98:1655-1663.

206. Thaipong K, Boonprakob U, Crosby K, Cisneros-Zevallos L, Byrne DH (2006). Comparação dos ensaios ABTS, DPPH, FRAP e ORAC para estimar a atividade antioxidante dos extractos de goiaba. *Journal of Food Composition and Analysis,* 19: 669-675.

207. Thostenson ET, Li CY, Chou TW (2005). Nanocomposites in context. *Composites Science and Technology,* 65:491-516.

208. Trznadel M (1995). Biodegradable polymer materials. *International Polymer Science and Technology,* 22:58-65.

209. Ugartondo V, Mitjans M, Vinardell MP (2008). Efeitos antioxidantes e citotóxicos comparativos de ligninas de diferentes fontes. *Bioresource Technology,* 99:6683-6687.

210. Uraki Y, Kubo S, Nigo N, Sano Y, Sasaya T (1995). Preparação de fibras de carbono a partir de lenhina organosolv obtida por polpação aquosa com ácido acético. *Holzforschung,* 49: 343-

350.

211. Uraki Y, Nakatani A, Kubo S, Sano Y (2001). Preparação de fibras de carvão ativado com grande área de superfície específica a partir de lenhina de ácido acético de madeira macia. *Journal of Wood Science,* 47:465-469.

212. Vigneshwaran N, Ashtaputre NM, Varadarajan PV, Nachane RP, Paralikar KM, Balasubramanya RH (2007). Síntese biológica de nanopartículas de prata utilizando o fungo *Aspergillus flavus*. *Materials Letters* 61:1413-1418.

213. Wang B, Sain M, Oksman K (2007). Study of structural morphology of hemp fiber from the micro to the nanoscale (Estudo da morfologia estrutural da fibra de cânhamo da micro à nanoescala). *Applied Composite Materials*, 14:89-103.

214. Wang M, Leitch M, Xu C (2009). Síntese de resinas de fenol-formaldeído utilizando lenhinas de pinheiro organosolv. *European Polymer Journal,* 45:3380-3388.

215. Wenger KS, Hogsett DA, Ladisch M (2012). Produção de lignina pura a partir de biomassa lignocelulósica. US 2012/0108798A1.

216. Williams DF (2008). Sobre os mecanismos de biocompatibilidade. *Biomaterials,* 29: 29412953.

217. Wootton-Beard PC, Moran A, Ryan L (2011). Estabilidade da capacidade antioxidante total e do teor de fenóis totais de 23 sumos de vegetais comercialmente disponíveis antes e depois da digestão in vitro medida pelos métodos FRAP, DPPH, ABTS e Folin-Ciocalteu. *Food Research International*, 44:217-224.

218. Wu S, Argyropoulos DS (2003). An improved method for isolating lignin in high yield and purity. *Journal of Pulp Paper Science*, 29:235-240.

219. Wu XJ, Choi MFM (2004). Um biossensor ótico de glucose baseado na glucose oxidase aprisionada em xerogel de silicato hibridizado com hidroxietilcarboximetilcelulose. *Analytica Chimica Ata,* 514:219-226.

220. Yang N, Wei-Hong L (2013). O extrato de casca de manga mediou uma nova rota para a síntese de nanopartículas de prata e a aplicação antibacteriana de nanopartículas de prata carregadas em tecidos não tecidos. *Industrial Crops and Products,* 48:81-88.

221. Yates MR, Barlow (2013). Avaliações do ciclo de vida de biopolímeros biodegradáveis e comerciais : A critical review. *Resources, Conservation and Recycling,* 78:54-66.

222. Yoksan R, Chirachanchai S (2010). Filmes à base de amido e quitosana carregados com nanopartículas de prata: Fabrico e avaliação das propriedades de tração, barreira e antimicrobianas. *Ciência e Engenharia de Materiais C*, 30:891-897.

223. Zhang YW, Liu S, Wang L, Qin XY, Tian JQ, Lu WB, Chang GH, Sun XP, (2012). Síntese verde one-pot de nanopartículas de Ag - nanocompósitos de grafeno e suas aplicações em SERS, H2O2 e deteção de glicose. *RSC Advances,* 2:538-545.

224. Zhong L, Gana S, Fud X, Li F, Hana D, Guob L, Niua L (2013). Crescimento eletroquimicamente controlado de nanocristais de prata em filme fino de grafeno e aplicações para biossensor H2O2 não enzimático eficiente. *Electrochimica Ata,* 89:222-228.

225. Zuluaga R, Putaux JL, Cruz J, Velez J, Mondragon I, Ganan P (2009). Microfibrilas de celulose da ráquis da bananeira: Efeito de tratamentos alcalinos nas caraterísticas estruturais e morfológicas. *Carbohydrate Polymers*, 76:51-59.

MIX
Papier aus verantwortungsvollen Quellen
Paper from responsible sources
FSC® C105338

Printed by Books on Demand GmbH, Norderstedt / Germany